family
field
親子田

family
field
親子田

# 媽媽，我想告訴你

## 肚子裡的小寶寶想傳達給媽媽的事

作者——池川明
譯者——姜柏如

# 目錄

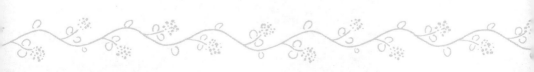

第二章

## 小寶寶在肚子裡的感想



第三章

## 跟肚子裡的小寶寶說話吧

第四章

# 小寶寶不可思議的世界

## 第五章 小寶寶想告訴媽媽的事

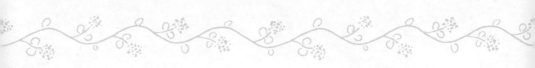

# 前言

孩子記得待在母親腹中的事，並在出生後說出來，這種神奇的記憶稱為「胎內記憶」。現在有越來越多人知道小寶寶會帶著記憶出生於世，但是在十幾年前，絕大多數的人都不相信「胎內記憶」這件事。

根據孕婦雜誌進行的問卷調查顯示，有七成的孕媽咪知道什麼叫「胎內記憶」。在日本神奈川縣有二十三名高中生，針對縣內的國中生進行胎內記憶的問卷調查，結果顯示有百分之二十四的國中生聽過「胎內記憶」，而其中甚至有百分之二點六的人至今仍保有記憶。

也有國中生以此作為學校的專題研究，隨機訪問路人後發現有九成的人聽過胎內記憶。由此可見就連國、高中生也對胎內記憶很感興趣，並開始試圖證明其存在，這個現象讓我感到相當欣慰。

在網路上，我也看到許多父母上網留言，分享跟孩子談論胎內記憶的情況，或是透過部落格等管道寫下自己親身的經歷。

即便有越來越多人聽過什麼叫「胎內記憶」，但我認為實際清楚內容的人並不多。其實透過胎內記憶，我們可以解開「人為什麼出生在這個世上」等疑惑，為困擾大家已久的問題，找到答案。

我相信只要接觸過胎內記憶，會讓很多人發覺，我們的世界充滿了各種先入為主的偏見。而現實生活中還存在著就算既存的觀點全被顛覆，也同樣能成立的奇妙世界。

本書是我從過去到現在，集結所調查的問卷、信函等蒐集到的資訊編寫而成的。希望大家透過這本書更了解胎內記憶，若能從中獲得樂趣，更是望外之幸。

池川明

第一章

# 腹中的小寶寶什麼都知道

# 小寶寶記得出生前的事

「我記得自己在媽媽肚子裡發生的事喔！」

你們知道，有很多孩子說過這樣的話嗎？

孩子們想起在母親肚子裡的生活，然後有著以下的描述：

「那兒很黑、很溫暖，感覺很舒服。」

「軟呼呼的。」

「因為覺得好玩，所以我在肚子裡踢踢踢。」

「我聽得到媽媽的聲音喔！」

一般而言，媽媽的肚子是很舒適的環境，小寶寶在裡頭能感受到愛，並過著無憂無慮的日子。

有些孩子會這樣描述誕生的過程：

「我是在很擠又很黑的地方，邊旋轉邊出來的。」

「我先是轉了一圈，然後咻一下蹦了出來。」

「我覺得很痛，有點難受。」

「經過像隧道一樣的地方，出來後覺得很刺眼。」

對小寶寶來說，一邊旋轉一邊通過產道是很辛苦的過程，多半會在心裡留下深刻的印象。

「出生前記憶」分為兩種：小寶寶在媽媽腹中的記憶稱為「胎內記憶」，與分娩情況有關的記憶則稱為「誕生記憶」。

不管是何種記憶，由於孩子們都還在童言童語階段，所以基本上都是簡單且單純的記憶。

但有部分小孩則會鉅細靡遺的講出大人從未提過的事情，或只有當事人才知情的情況。

例如：某位媽媽在懷孕初期發現自己有子宮肌瘤，為此感到很不安，幸好後來順利生下了寶寶。孩子到了六歲時，某天突然對媽媽說：

「媽媽的肚子裡面有東西對吧？我好怕那個變大，會把我壓扁。媽媽，謝謝妳平安生下我。」

媽媽聽了後，嚇了一大跳，因為她只跟丈夫提過子宮肌瘤的事，並沒有其他人知道。

有個孩子曾在作文中，描述這麼一段記憶：

「我在媽媽肚子裡的時候，有菜刀刺進來，接著有個穿白衣服、戴眼鏡的人抓住我的腳，打我的屁股。我從媽媽的袋子裡出來的時候，先是被啪的聲音給嚇哭，接下來嘴巴還被塞管子，因為太難受了，所以我忍不住哇哇大哭。」

我詢問孩子的母親後，才知道當初懷胎時，因為胎位不正，所以後來採取了剖腹產。

婦產科醫師「穿白衣服」、「戴眼鏡」、採取「在嘴巴塞管子」的醫療處置，全都跟那個孩子描述的情況一模一樣。而媽媽也同時表示，在孩子說出這件事以前，自己從未對孩子說過「抓腳和拍打屁股」等生產的情形。

其實，這是我第一次從身邊的人口中聽到的「胎內記憶」。

雖然過去我有豐富的接生經驗，但從來沒想過，寶寶會意識到自己離開母體的過程，事後甚至還保有記憶。

我不禁對於寶寶不可思議的力量感到驚訝，同時也覺知到，原來醫護人員自認為妥善的醫療處置，居然會帶給某些寶寶「害怕」、「難受」的感覺，想到這裡我不禁冷汗直流。

原來那些事孩子們都記得。

直到後來，我在研究胎兒記憶的過程中，才總算消除了這股不安感，至於詳細情況，容我留到後續章節再談吧！

# 每三個小孩中，就有一個保有胎內記憶

早在一千年前的古代文獻中，已有明確記載，肚子裡的小寶寶已經具有意識，並且能將自身意識轉化為胎內記憶和誕生記憶，銘記在心。

中國於六世紀翻譯的佛經《佛為阿難說處胎會》中就有記載：

「宿於胎內滿七天之胎兒，即有五感。」

在八世紀開始流傳的西藏醫學書中，對於受精前到誕生的過程有著以下的解釋：

「懷孕三十七周後，寶寶會開始產生獨立的情感。」

在東方「肚子裡的寶寶已有意識」的理論，是代代傳承的知識，也因為這樣，我們的社會才會如此重視「胎教」的觀念吧！

我從二〇〇〇年開始，獨自展開「出生前記憶」的訪談調查。

特別是在二〇〇三年到二〇〇四年的期間，以長野縣諏訪市和塩尻市所有托兒所中三千六百零一對親子為調查對象，進行大規模的問卷調查。

這份問卷的主要調查對象，不是對「出生前記憶」感興趣的家長，而是一般幼童。這種調查方式是前所未有的創舉。

在經過調查後，出現了驚人的結果。

在一千六百二十份的問卷回覆中，每三個小孩就有一個保有「出生前記憶」。

至於不確定是否有記憶的又可以分成三大類：（孩子）不想回答、（家長）從未問過小孩、兩者皆非。

「孩子不想回答」的詳細原因不明，也許是那些孩子有各自的難言之隱吧！

但我推測孩子不想說的原因之一，也許是他們在生產過程中，有著難受的回憶，所以不願意再次去回想。

至於「家長從未問過小孩」的原因往往是：

「孩子還在牙牙學語。」

「孩子年紀太小，無法用語言清楚表達意思。」

「我沒興趣，所以從來沒問過小孩。」

看見他們的回覆，我認為孩子們保有「出生前記憶」的比例，可能比我調查的結果（每三個就有一個孩子記得）還要來得高。

# 備受矚目的「出生前記憶」

既然「出生前記憶」如此常見，那又為何遲至現在才成為人們談論的話題呢？

原因在於，孩子對於出生前記憶的感受是敏感又纖細的。

根據我的調查，當小孩過了六歲後，出生前記憶就會消失。想必有很多孩子，在尚未告訴父母的情況下就已經遺忘了。

也有很多孩子，會以自言自語的方式來釐清記憶，說夠了以後就會忘得一乾二淨。

儘管媽媽後來因為在意，而嘗試再次追問孩子：

「你曾經講過這種事喲！」

孩子也會忘了自己說過什麼。

而且在「保有記憶」的小孩中，由孩子自己主動講出來的例子更是少之又少。

絕大多數，都是媽媽先開口問，孩子才會回答。

當孩子主動談起出生前記憶時，如果媽媽沒有表現出感興趣的態度，孩子最後也會做出「可能是我在作夢吧」的結論。

曾經有好幾位成人跟我分享：

「我記得出生前記憶，但是在告訴母親後，母親卻笑我：『你在說什麼傻話。』一直到我讀到醫師您的書後，才了解原來我的記憶不是錯覺，真是太好了。」

如果胎兒擁有記憶能成為育兒新觀念，媽媽也會更用心地去聽小孩的話吧！這樣肯定會有更多耐人尋味的「記憶」被發現。

值得欣慰的是，人們對於「出生前記憶」的關注程度有一年比一年更高的趨勢。

我從孩子們的童言童語中，窺見了寶寶們豐富得讓人驚訝的世界。肚子裡的寶寶絕對不是尚未發育成熟的存在，而是具備意志、智力及情感的獨立個體。

如果大家都能相信這個論點，想必媽媽們也會開始和肚子裡的小寶寶說話、互動，母子間的羈絆也會更深刻吧！

而負責接生的醫護人員若能認同這點，在實施醫療處置前，重視的就不會只是寶寶的健康安全，也會顧慮到寶寶的心理感受。

只要大家能重新認知並體會到必須尊重寶寶這件事，就會衍生出新的接生方式跟育兒文化。

我深信這些觀念，總有一天會帶動社會產生根本性的變革。

而我也在內心默默描繪著這美好的願景。

# 小寶寶具備的感覺能力

若我們一直抱持著「寶寶什麼都不懂」的偏見，就會容易忽略掉寶寶的真實感受與所看到的世界。

日本在戰後某段期間，曾經掀起一股「寶寶搞不懂自己跟媽媽都是人類」的育兒風潮。

當時剛出生的小寶寶被認為是不成熟的存在，所以得透過嚴格控制餵奶的時間，並讓寶寶自己睡來培育他的獨立。

但隨著時間過去，後來有許多論點證明，這種育兒方法不僅會傷害寶寶纖細脆弱的心靈，還可能危害他身心的健全發育。

小寶寶會用全身感知各種事物，同時也渴望被愛、被接納以及希望能受到重視。

幸好近二十年來，小寶寶所具備的能力，已經獲得科學證實。目前胎兒的感知能力，在神經科學、發展心理學、嬰幼兒心理學、行為小兒科學等領域都有顯著的研究進展，並且逐一顛覆了過去既有的常識。

接下來，容我向各位孕媽咪們介紹一部分已經過科學證實的「胎兒感知能力」吧！

## 視覺

寶寶的視覺在懷孕八～十一週左右就會開始發育。懷孕五個月左右，雖然他們的上下眼瞼可能尚未分開，卻已經能感受到明暗，對於照在媽媽肚子上的光線會產生反應。

懷孕六個月左右，小寶寶的上下眼瞼就能分開，可以做出睜開與閉合的動作。

至於快要出生，足月的小寶寶，則已經具備了凝視、用

寶寶在媽媽肚子裡的成長過程

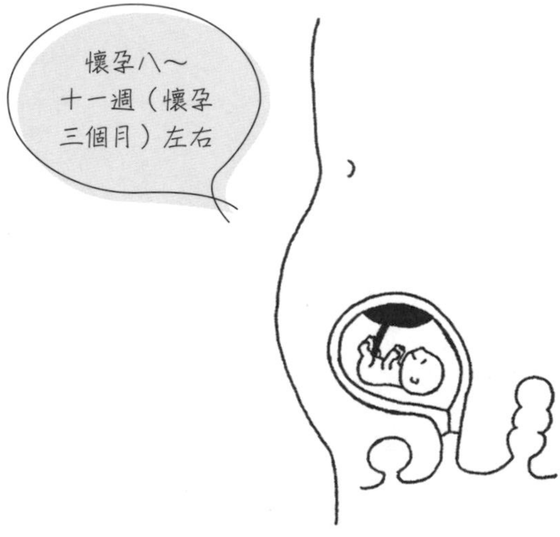

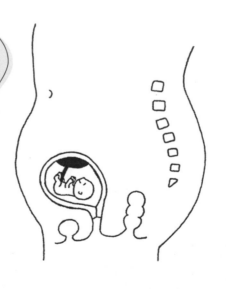

眼睛追著東西看的能力。

曾經有位爸爸用攝影機拍攝自己剛出生的寶寶，親眼見到寶寶的眼睛跟著攝影機的紅燈移動。

由此可見，剛出生的寶寶擁有立體視覺，也具備一定程度的手眼協調性。

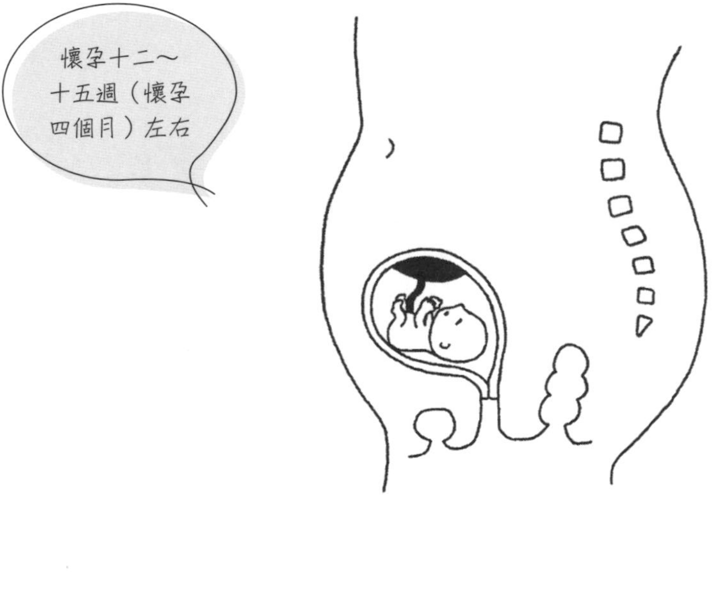

## 聽覺

小寶寶的聽覺，是在懷孕約兩週左右開始發育。懷孕五個月的時候，小寶寶聽見較大的聲音時，已經會做出用雙手摀住耳朵的反應。

懷孕六個月的時候，小寶寶的聽覺程度已經等同大人，甚至能夠分辨音樂聲。

在懷孕七個月後期，小寶寶已經會分辨人的聲音，特別是對母親的聲音，會產生敏感

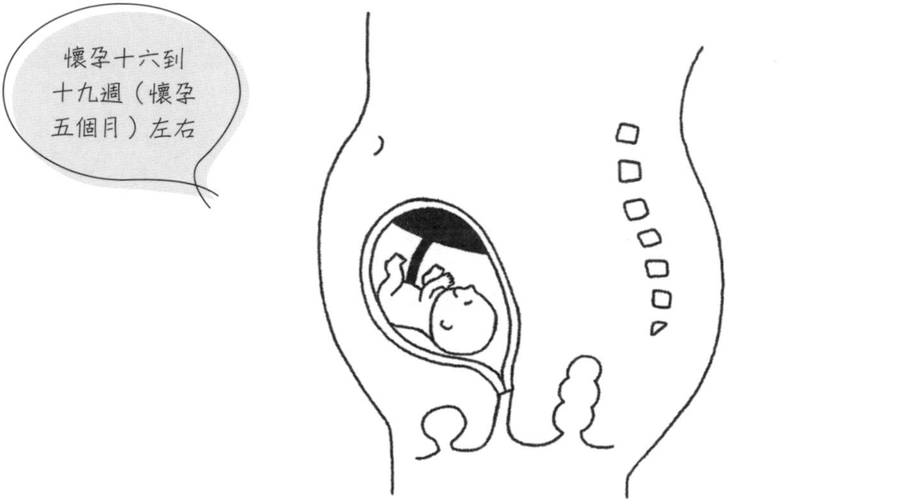

的反應。

對小寶寶來說，待在媽媽的肚子裡，能聽到母體的血流聲，還有消化食物等各種聲響，是非常吵雜的環境。

但人類的聽覺在習慣噪音後，就能自動忽略，所以小寶寶能夠有意識的辨別周遭其他聲音。

在這麼多的聲音當中，由於媽媽的聲音是透過骨傳導（聲音經由骨頭傳遞後聽

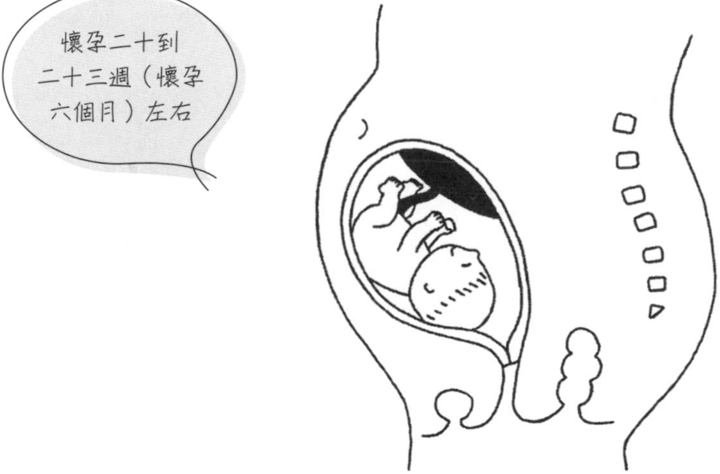

見），所以小寶寶會聽的格外清楚。

雖然爸爸的聲音在寶寶的耳中聽來，不像媽媽的聲音這麼清晰，但還不至於完全聽不到。就算小寶寶在肚子裡睡覺，父母的日常對話也會確實傳進他的耳裡。

媽媽懷孕到第九個月的時候，小寶寶已經能夠分辨出母親的說話聲調、速度和節奏變化，同時也能學習到語言的聲

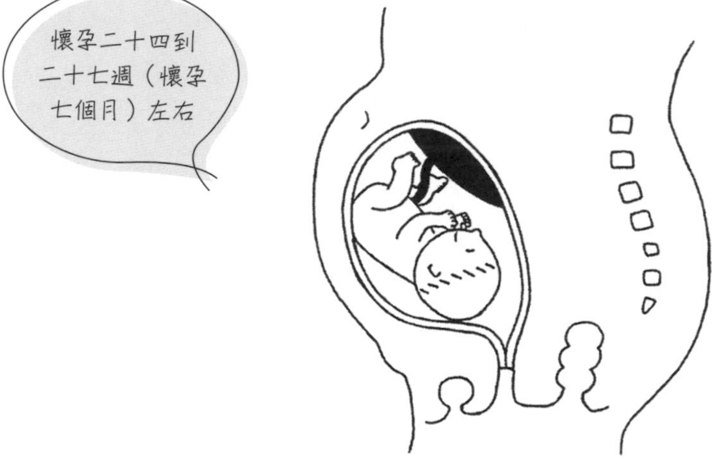

調模式。

## 味覺

小寶寶的味覺在媽媽懷孕四個月左右，就已經相當的發達了。

根據超音波的觀察，帶有苦味的液體進入子宮時，小寶寶會皺起臉來，露出一臉哭泣的模樣。

相反的，帶有甜味的液體進入子宮時，小寶寶則會喝下

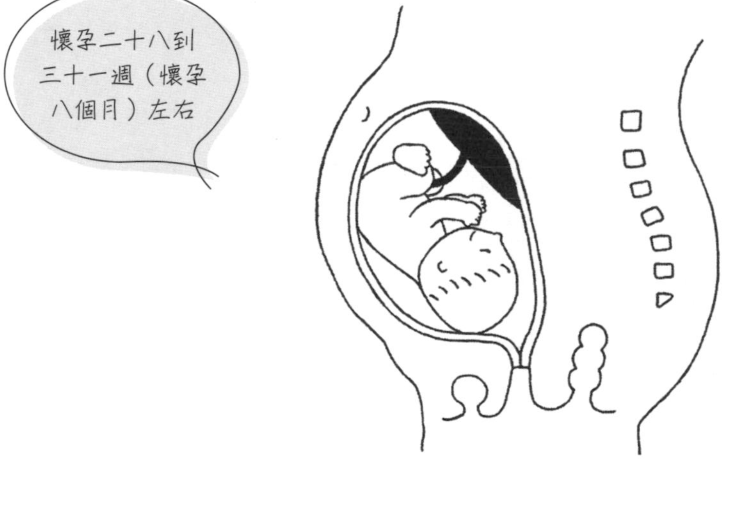

比平常多兩倍的羊水。
肚子裡小寶寶的味覺發達程度，也可以從新生兒的反應來推測。
從未用嘴巴攝取過營養的新生兒，在嚐到甜味後會放鬆臉頰，浮現微笑般的開心表情，而嚐到酸味時會噘起嘴，嚐到苦味時，則會看起來一臉不悅地張開嘴巴。

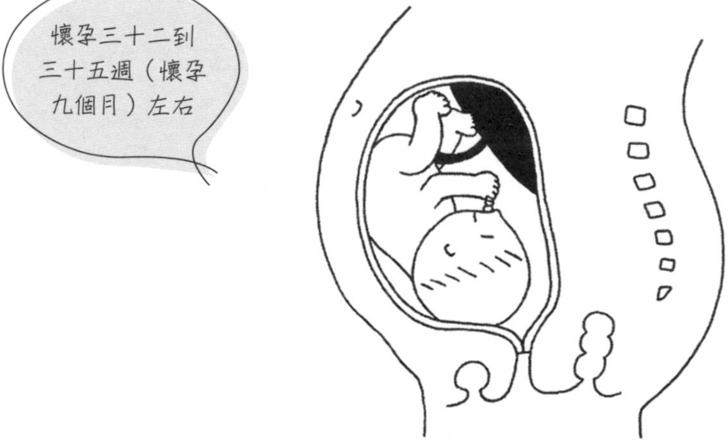

## 嗅覺

一般普遍認為小寶寶的嗅覺甚至優於大人。

剛出生的新生兒，嗅覺靈敏到分辨得出自己媽媽和其他媽媽的母乳及腋下氣味的不同，連媽媽身上散發的體味都能聞得出來。

## 觸覺

觸覺在五感當中，算是較早發育的感官之一。

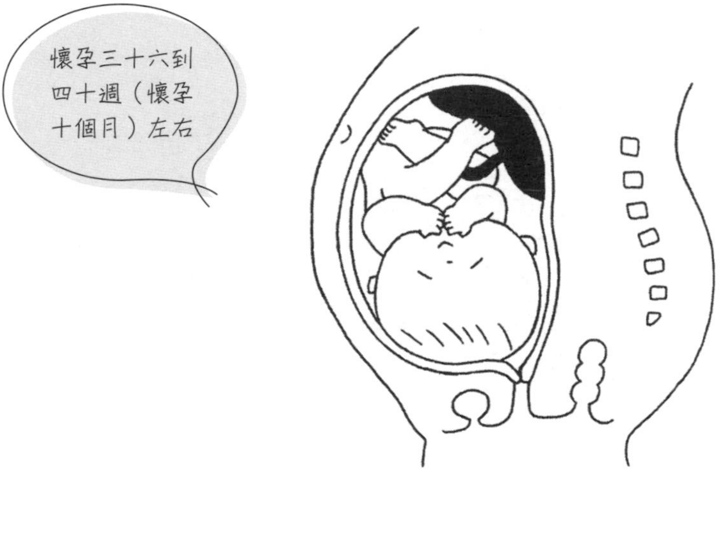

懷孕四個月的時候，小寶寶就會把玩臍帶或是吸吮手指。

在懷孕第七個月前，小寶寶就能自由控制身體，他們會改變身體的朝向，或是反射性握起手。

更有研究觀察到，當媽媽搖晃身體時，小寶寶會吸吮手指，露出怡然自得的模樣。

## 情緒

前哈佛大學教授芝加哥放射線學者傑森・巴恩霍茲（Jason Barinholtz）博士經研究證實，懷孕第四個月時，小寶寶就已經有了情緒性的反應。

傑森博士花了二十年的時間，拍攝超過五萬張的超音波照片來研究胎兒的表情。

當他看見腹中的寶寶因為肚子餓在哭泣時，做出了以下結論：

「認為胎兒沒有任何感受的論點是錯誤的。」
對於腹中胎兒的相關研究，目前已有了日新月異的發現。
或許我們可以說，科學已逐步趕上了孩子們的童言童語吧！

第二章

# 小寶寶在肚子裡的感想

# 媽媽的肚子裡是個什麼樣的地方？

讓我們從孩子的童言童語中，來一探肚子裡小寶寶的世界吧！究竟媽媽的肚子是個什麼樣的環境，小寶寶又過著怎麼樣的生活呢？

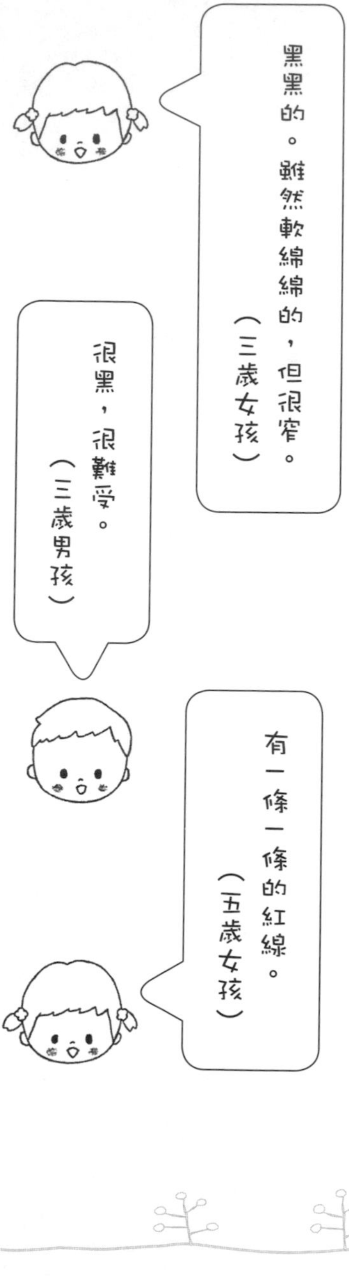
黑黑的。雖然軟綿綿的，但很窄。（三歲女孩）
很黑，很難受。（三歲男孩）
有一條一條的紅線。（五歲女孩）

很黑、很窄又很溫暖。變得溫暖的時候，有時我會轉來轉去呢！（三歲女孩）

會閃閃發光，是粉紅色的。我會轉來轉去，踢腳就會漂起來喔！（四歲女孩）

（此處記載的年齡，是孩子談論記憶當時的歲數。）

絕大多數的寶寶都有著像「很暗」、「紅紅的」等與明暗跟色彩有關的記憶。媽媽的肚子對孩子們來說，多半是舒適、讓人心情愉悅的地方。

特別是媽媽在懷孕期間若能保持愉快的心情，肚子裡的小寶寶也會在裡頭過得很快樂。

我聽得見媽媽的聲音喲，
但是聽不到爸爸的聲音。
一個人好寂寞。
好暗，好想趕快出去。
（三歲男孩）

（媽媽的肚子裡）好黑、好寂寞。
我因為很想見媽媽還哭了。
（三歲男孩）

那位說自己「一個人好寂寞」的孩子，媽媽在懷孕期間搬家，但因為新家環境吵雜，導致精神壓力很大。至於爸爸就跟那個孩子說的一樣，完全沒有對媽媽的肚子講過話。

而說「好黑、好寂寞」的孩子，媽媽曾因為先兆早產等原因住院。由於懷孕過程不順遂，所以心情常常陷入沮喪之中。

當孩子說起在媽媽肚子裡面感覺「好寂寞」和「好無聊」的時候，進一步詢問孩子，通常都會發現，孩子的媽媽在懷孕期間身心疲憊，或是跟爸爸感情不睦。

肚子裡的小寶寶不只能感受到媽媽的喜悅和快樂，甚至還會與媽媽共同承受壓力，所以媽媽們不管是為了小寶寶還是自己，最好避免在懷孕期間累積過大的壓力喔！

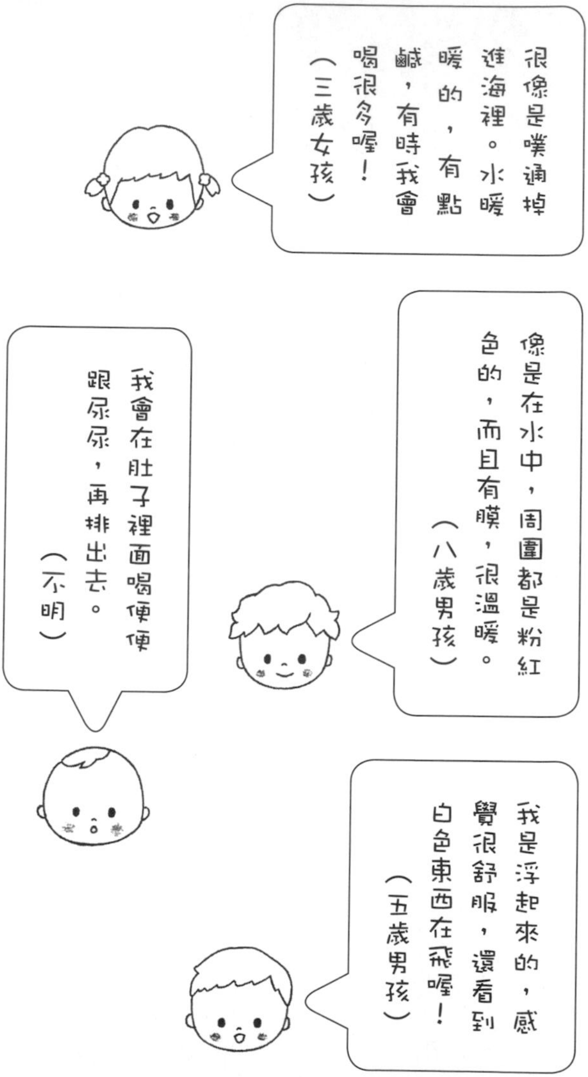
很像是噗通掉進海裡。水暖暖的，有點鹹，有時我會喝很多喔！（三歲女孩）
像是在水中，周圍都是粉紅色的，而且有膜，很溫暖。（八歲男孩）
我會在肚子裡面喝便便跟尿尿，再排出去。（不明）
我是浮起來的，感覺很舒服，還看到白色東西在飛喔！（五歲男孩）

漂浮在羊水中也是孩子容易存留下來的記憶。甚至還有媽媽是聽到小孩說，才知道原來小寶寶會在肚子裡排泄，然後再喝下去。

有很大的山。（三歲男孩）

我的肚子上黏著一條繩子，我會甩著玩。繩子的另一邊平平的，緊緊黏在媽媽的身體上。（男孩）

我握著刺在肚子上的棒子在玩。出來的時候，臉被擠得很痛、光很刺眼。我覺得很冷，張開眼睛後，看到肚子的繩子被剪刀夾住了。（八歲男孩）

有些孩子會談到臍帶和胎盤。「繩子」和「棒子」指的是臍帶，至於「山」和「平坦」是在描述胎盤。

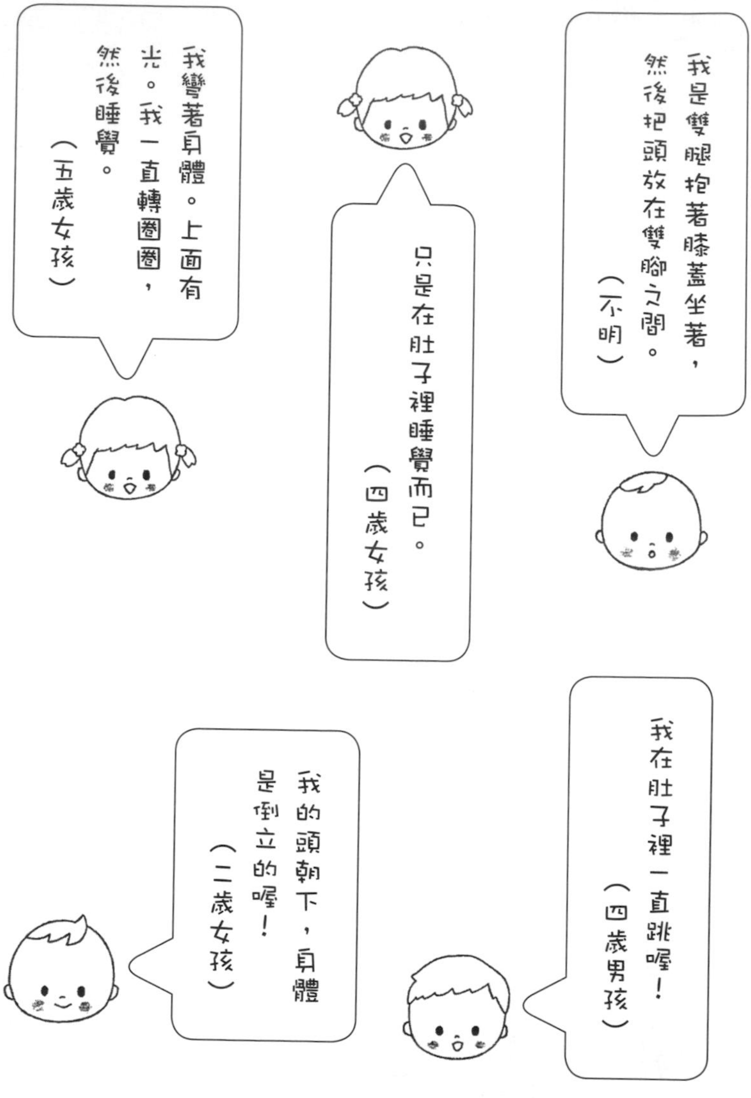
我是雙腿抱著膝蓋坐著，然後把頭放在雙腳之間。（不明）
只是在肚子裡睡覺而已。（四歲女孩）
我彎著身體。上面有光。我一直轉圈圈，然後睡覺。（五歲女孩）
我在肚子裡一直跳喔！（四歲男孩）
我的頭朝下，身體是倒立的喔！（二歲女孩）

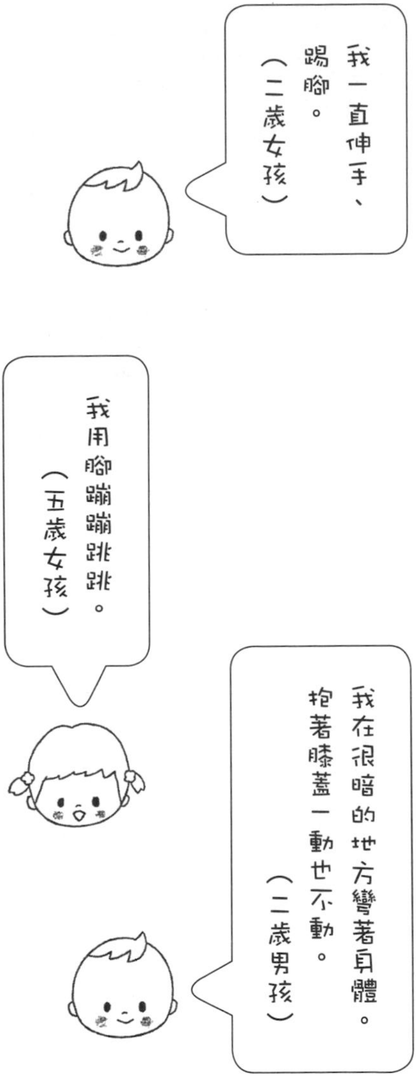


當我詢問某個還不會講話的孩子：「你在肚子裡做了些什麼？」的時候，他當場擺出抱膝坐著的姿勢給我看。

當孩子們會講話後，就會出現像是「跳舞」、「踢腳」和「睡覺」等類似的答案。

我在肚子裡面抱著膝蓋坐著。我知道媽媽要我『身體朝下』，但這個姿勢不舒服，所以我還是維持我喜歡的姿勢。

（四歲女孩）

繩子纏在一起了！

（三歲女孩）

我在肚子裡，會轉來轉去。

（二歲男孩）

以上三位都是胎位不正的寶寶。那個說自己「轉來轉去」的孩子，媽媽曾在懷孕期間做過調整胎位的體操。

懷孕時胎位不正，因為自然生產的風險會提高，所以聽起來會讓人有負面感受。也因為這樣，導致很多媽媽內心懷抱著「必須矯正胎位才行」的焦慮。但我認為其實沒有勉強矯正的必要。

因為寶寶很可能是出於自己的意願，認為這個姿勢對他來說比較舒服。

遇到這種情況，不妨先詢問肚子裡的小寶寶：

「你想調整姿勢嗎？」

再來進行如調整胎位的體操等措施。也許這點在醫學上無法證實，但我希望媽媽能夠更放寬心去看待胎位不正這件事，別認為一定要勉強矯正小寶寶姿勢。同時也希望各位媽媽去徵詢醫師的專業意見。

# 小寶寶都有豎起耳朵聽

我聽見小提琴跟英語的聲音。

（二歲女孩）

媽媽一直在唱歌呢！

（女孩）

有轟隆聲，很吵很吵，有人一直在講話。

（二歲男孩）

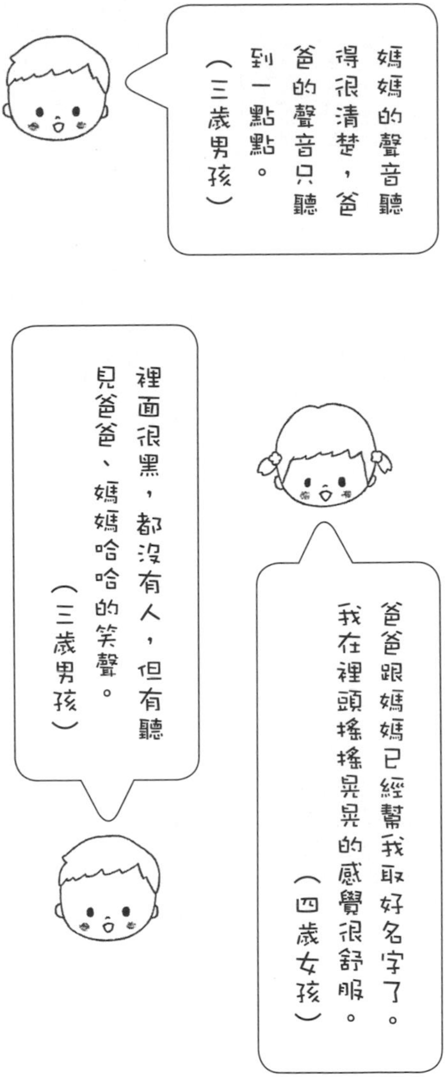
媽媽的聲音聽得很清楚，爸爸的聲音只聽到一點點。（三歲男孩）
爸爸跟媽媽已經幫我取好名字了。我在裡頭搖搖晃晃的感覺很舒服。（四歲女孩）
裡面很黑，都沒有人，但有聽見爸爸、媽媽哈哈的笑聲。（三歲男孩）

提到「小提琴和英語」的孩子，媽媽每天都會上英語會話課，爸爸也經常彈奏烏克麗麗；說「媽媽一直在唱歌」的孩子，媽媽在懷孕期間，會聽線上廣播的音樂。至於提到「很吵」的那個孩子，媽媽直到分娩前十天都持續從事美髮造型師的工作。他提到的轟隆聲，可能是吹風機的聲音。

有聽見爸爸跟媽媽聊天說：「噗通一聲就生下來了呢！」（不明）

因為媽媽說了「很痛」。我覺得她好可憐，所以就不敢動了。（四歲男孩）

我曾聽見爸爸對我說：「我是爸爸喲。」（不明）

媽媽說過：「再稍微待在裡頭一下喔！」（二歲男孩）

我有聽見爸爸跟媽媽的聲音喲。爸爸唱：「大象、大象、你的鼻子為什麼這麼長？」（三歲女孩）

最讓小寶寶感興趣的是爸爸跟媽媽的聲音。說出「有聽見媽媽聲音」的小孩非常多。好奇心旺盛的小寶寶，會豎起耳朵聆聽外界的聲音。

聽到孩子的這些話，媽媽都能猜到他們話語中的意思。

那位講「媽媽說很痛」的四歲男孩，是媽媽先主動問：「你為什麼在媽媽的肚子裡都不太動」的時候，他才說出那些話。

聽到孩子的話，媽媽這才回想起，自己曾在某次胎動太激烈時說過：「好痛，你不要亂動。」從此以後胎動就明顯減少，沒想到孩子竟會這麼說，聽到孩子的話，媽媽感到有些愧疚。

所以小寶寶不僅聽得見爸爸跟媽媽的聲音，甚至還能理解話語中的內容，並做出反應。

## 小寶寶都有睜開眼睛看

目前孩子們所描述的「記憶」之中，還有某些現象是現今科學無法解開的謎題。

其中最具代表性的案例之一就是「從肚子裡看見外界世界」的記憶。縱然科學還無法釐清，但根據父母親的回應，孩子們說的話都是事實。

有位媽媽帶小孩去自己懷孕期間去過的場所時，孩子跟媽媽說：

「我知道這裡，我曾從肚臍的洞裡看過。」

像這種類似的案例，我聽過好幾個。

每當我聽到孩子們的記憶時，內心都會湧起一股溫暖、被救贖的感受。

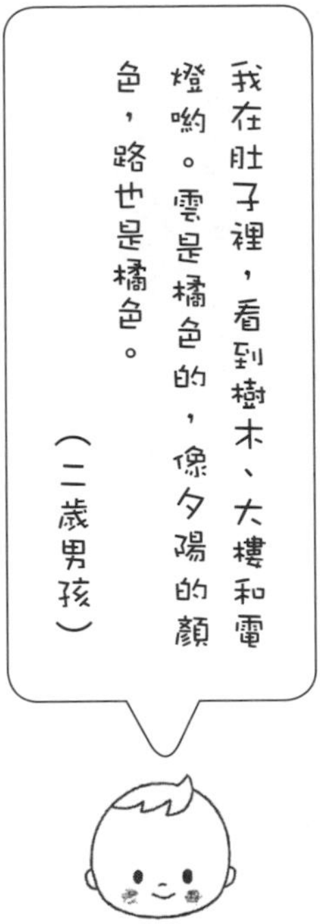
我在肚子裡，看到樹木、大樓和電燈喲。雲是橘色的，像夕陽的顏色，路也是橘色。
（二歲男孩）

我認為比起證實胎內記憶的真實性，更重要的是接受孩子們所說的話，這樣育兒生活會更快樂，不曉得各位媽媽們覺得如何呢？

說上述那段話孩子的媽媽，懷孕期間經常和肚子裡的小寶寶在黃昏時到沿海的公園散著步。想必孩子也感受到媽媽散步時，心中那份閒適愉悅的心情吧！

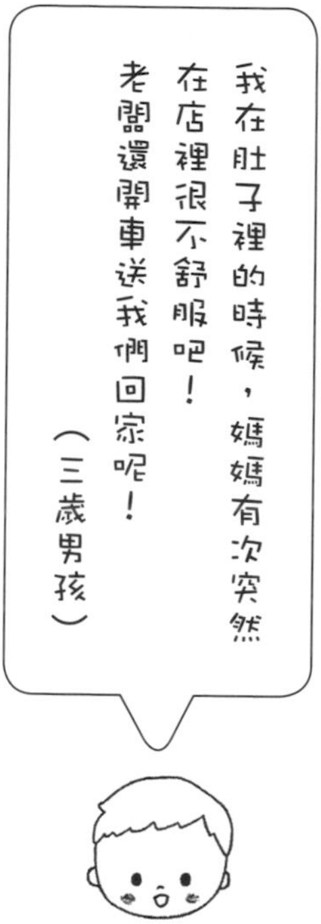
我在肚子裡的時候，媽媽有次突然
在店裡很不舒服吧！
老闆還開車送我們回家呢！
（三歲男孩）

說這話孩子的媽媽，在懷孕期間曾在超市因貧血而不適，也接受過店員的照顧。

但媽媽說她從未跟孩子提過這件事。是在懷二寶時，有次帶著孩子又在餐廳出現同樣狀況，孩子突然這麼說。

當然，即使肚子裡的小寶寶「看得到外界」，他們的視覺構造也不像我們是「將景物投射在視網膜上」而看見。

《胎兒在看》（*The Secret Life of the Unborn Child*）的作者，精神科醫師湯瑪士．維尼（Thomas Verny）博士認為，肚子裡的小寶寶並不是靠神經迴路來接收資訊，而是透過體內的荷爾蒙。

但我也不排除寶寶本身會用某種形式來接收資訊，而且是和媽媽的五感無關的可能。

儘管難以解釋，但像這類的「記憶」不勝枚舉，而且符合事實的準確度也很高，所以肚子裡的小寶寶「知道」外界的狀況是確定的事實。

# 小寶寶對於誕生過程的感想

因為水中很窄又很黑（所以決定快出來）。（四歲女孩）

我想也差不多該出去了，所以就出來了。（三歲女孩）

（我覺得）再不出生就糟糕了。（二歲女孩）

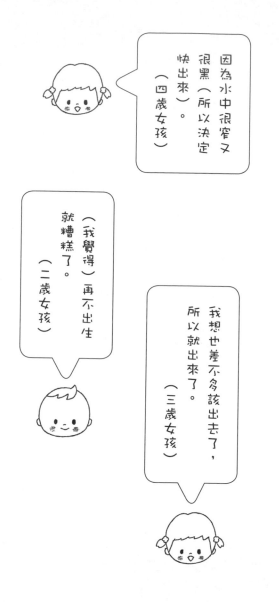

關於「誕生的瞬間」，孩子們有著各式各樣的感想。

那個說「再不出生就糟糕」的孩子，媽媽過了預產期卻遲遲沒有陣痛。於是某天父親對著醫師發牢騷：「繼續拖下去，會沒辦法向公司請假。」就在父親說完的隔天，小寶寶就像聽到對話似的迅速地出生了。

關於生日當天的記憶，孩子們談到的共通點都是：

「決定何時出生的是小寶寶。」

我覺得他們說的話，其實很有道理。

因為媽媽們會先陣痛才開始分娩。關於陣痛的原因，有種說法是由小寶寶分泌的表面活化劑（surfactant，蛋白質的一種），刺激母親子宮所產生的現象。

所以，只要懷孕的媽媽抱持著「一切都交給小寶寶決定」的心情，或許就能用更輕鬆的態度來面對生產！

我明明很想待在媽媽肚子裡，
但醫生卻硬把我拉出來。
（四歲女孩）

還想待在肚子裡，但有個很
大的湯匙夾住我的頭。
（女孩）

我在肚子裡睡覺，突然被
咚地一聲吵醒。我還想繼
續待在肚子裡呢！
（女孩）

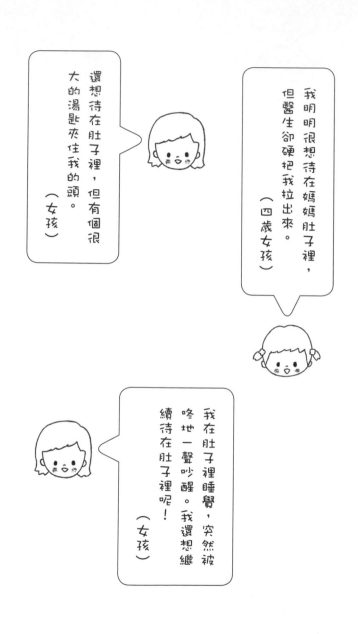

那位說自己被醫生「硬拉出來」的孩子，描述這件事情時還一臉氣呼呼的樣子呢！

他的母親罹患了妊娠毒血症，所以是在預產期的前一週，到醫院催生。然而小寶寶還是一直不肯出來，最後醫生以真空吸引來協助生產。

那個「被咚地一聲吵醒」的孩子，也是使用催生劑分娩；而提到被「很大的湯匙」夾住頭的孩子，則是因為陣痛轉弱，所以使用產鉗協助。

當生產的情況不是按照小寶寶想要的步調進行時，他們會對此感到強烈的不滿，並在出生後憤怒地哭個不停。當然，若生產時遇到需要醫療介入的狀況，理應毫不猶豫的去做。

然而在無視小寶寶心情的情況下，採取機械式的處置，有時候會傷害到他們的感受。所以醫護人員在接生時，也別忘了要顧慮小寶寶的心情喔！

當時開著燈，外面變亮了，
媽媽的肚子被切開了。

（不明）

很想快點出來卻出不來。
很難受、很刺眼。

（三歲男孩）

嗶的一聲被切開來。因為
肚子裡很擠，所以覺得鬆
了一口氣。

（八歲男孩）

會說「肚子被切開」的，都是採取剖腹產而出生的孩子。那個說自己「出不來」的小孩，過了預產期九天仍遲遲沒有陣痛，所以醫生使用催生劑，花了足足一天的時間，最後用真空吸引的方式生下來。

由於剖腹生產並非依循自然法則分娩，所以對媽媽跟寶寶來都是很有壓力的事。

但根據我的調查，孩子們往往都能淡然接受剖腹產。正如同上述孩子說的，有時候連小寶寶都「很難受」、「很想趕快出來」，換言之，其實寶寶也帶著「尋求援助」的心情。所以媽媽們就算無法自然生產，也沒必要苛責自己。

由於小寶寶還不會說話，所以他們的心情需要仰賴媽媽或是醫護人員來協助解讀。

從肚子裡出來的時候很擠。（三歲男孩）
我的頭先冒出來。（三歲男孩）
雖然很難受，但能看到明亮的東西。（二歲）
如果不這樣就出不來。（做出扭頭的動作）（二歲男孩）
我邊橫著轉，頭冒出來後，感覺很舒服。（四歲女孩）
那時候頭好痛。（二歲女孩）

很多小孩都記得在產道中，側著頭旋轉前進的過程。

一般來說，孩子們通過產道的感想幾乎都是「難受」，但也有部分小孩充滿幹勁的表示「不會痛」跟「很期待」。

離開媽媽身體的過程，會讓人聯想到，就跟進入隧道一樣。

某個小孩在搭乘電車時，一進入隧道就說：

「啊，小寶寶要出生了！」

當電車離開隧道後，又高喊著：

「生出來了！」

因為（肚子裡）很臭（所以閉起嘴巴）。

（五歲男孩）

好像有個尖尖的東西刺進來，然後我才能出來。

（女孩）

雖然我很想鬆開（臍帶），但因為媽媽很慌張，結果我脖子被勒得更難受了。

（女孩）

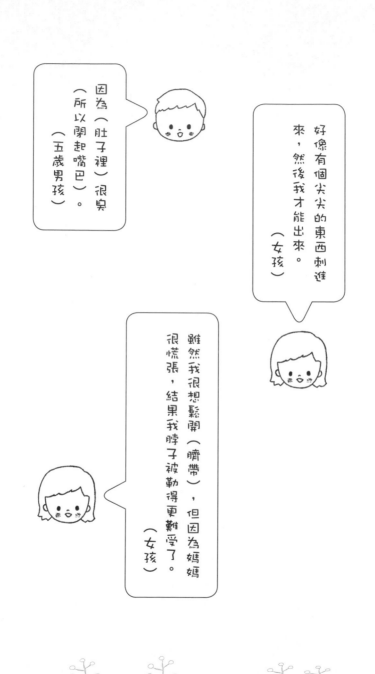

小寶寶對於媽媽生產時遇到的問題，也會有所感覺。說有「尖尖的東西刺進來」的孩子，就是以人工的方式來破水。說（肚子）「很臭」的孩子，媽媽曾有羊水混濁的問題。而說出：「脖子被勒住得很難受」的女孩，出生時臍帶曾纏繞脖子，由於生產過程很不順利，最後只能使用陣痛促進劑來引產。

小寶寶的脖子被臍帶纏繞時，陣痛就會暫時性的減弱，或許這是種寶寶想自行「解開臍帶」的自然現象也不一定。這麼一想，只能說小寶寶以及媽媽身上的神奇力量實在讓人驚嘆不已。

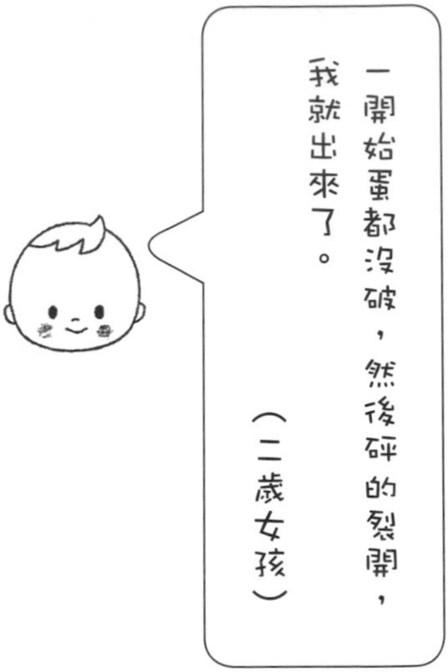
一開始蛋都沒破，然後砰的裂開，我就出來了。（二歲女孩）

嘩啦啦的下雨了。（三歲女孩）

這兩句話都是在形容破水的瞬間。那個說「蛋都沒破」的小孩，聽說歷經很長一段時間才破水。

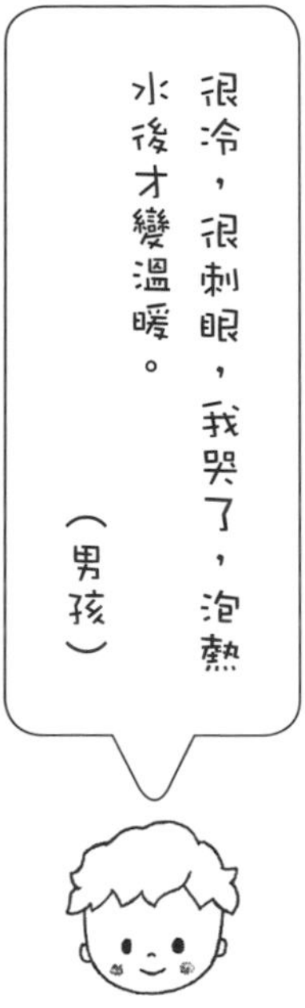
很冷，很刺眼，我哭了，泡熱水後才變溫暖。（男孩）

很舒服喔！（三歲女孩）
到外面後，外面很亮。（四歲男孩）
很刺眼、很冷。媽媽的臉很特別，所以我一直看著她。（二歲女孩）

寶寶出生後的第一個感想，大多都是「很亮」、「很刺眼」。他們長期待在媽媽黑漆漆的肚子裡，產房的照明燈想必讓他們感到很刺眼吧！所以避免新生兒被強烈的光線照射到，也是醫護人員的一項重要考量。

雖然我有泡澡，但水溫溫的我不喜歡，很想趕快離開。媽媽穿粉紅色的衣服呢！（男孩）
有音樂。（三歲男孩）
媽媽生下我後，先摸摸我的頭髮，然後對我說「謝謝」喲！（女孩）
我的頭很痛，媽媽也說「肚子和腳很痛」呢！（二歲男孩）
醫生很吵。（四歲女孩）
很刺眼。聞到媽媽的味道想靠過去，卻很像被逼坐雲霄飛車一樣，很恐怖。（男孩）

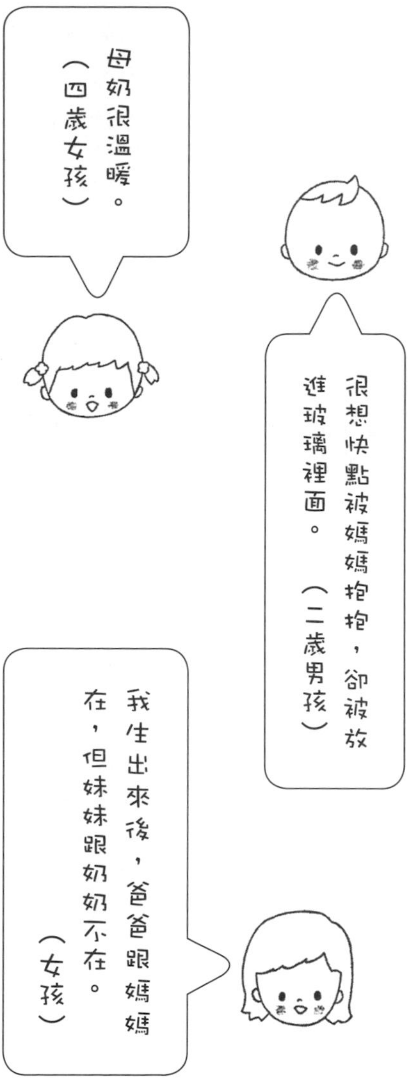
很想快點被媽媽抱抱，卻被放進玻璃裡面。（二歲男孩）
母奶很溫暖。（四歲女孩）
我生出來後，爸爸跟媽媽在，但妹妹跟奶奶不在。（女孩）

從上述孩子的話語中可以知道，他們不只記得自己生出來的方式，甚至連有誰在場、聽到哪些話跟聲音都記得一清二楚。

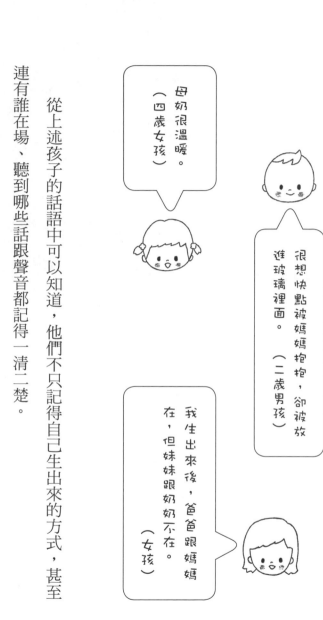

那個說「母奶很溫暖」的小孩，他的媽媽在生產後立刻就餵他喝母奶。

另一方面，那個「被放入玻璃裡面」的小孩，出生後就被放入保溫箱內長達數小時。

在醫院內生產的小寶寶，通常一出生就會被帶離媽媽身邊做各種檢查。我期盼醫療機構也能顧慮到新生兒的感受，除非需要做緊急處置，不然最好先讓媽媽抱一下寶寶，讓母子能稍稍放鬆。

只要從小寶寶待在媽媽肚子裡開始，就將他視為成人並給予尊重，就能打造讓小寶寶身心健全的生產方式。

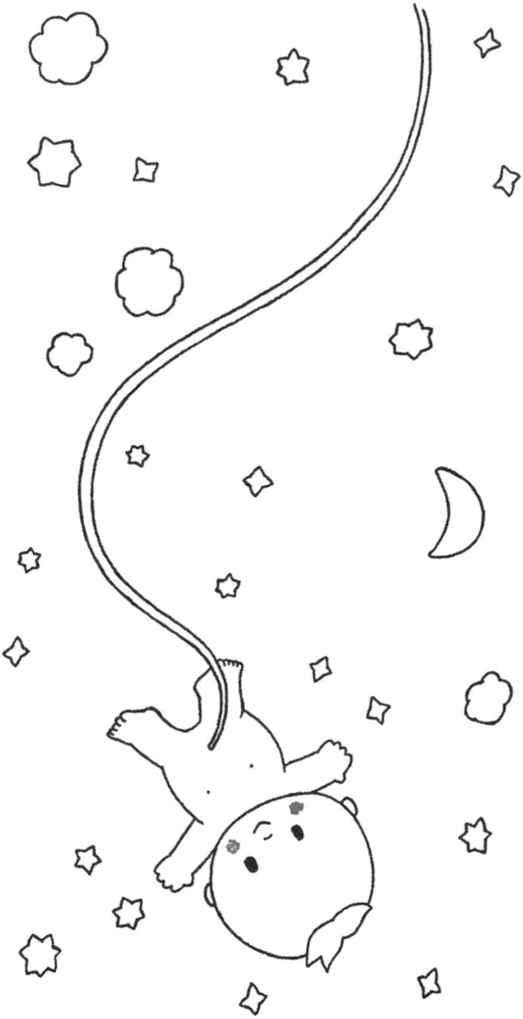

第三章

# 跟肚子裡的小寶寶說話吧

## 跟寶寶說話，媽媽會感到放鬆

經常跟肚子裡的小寶寶說話，無論是對媽媽還是寶寶都有很好的益處。在懷孕期間留意小寶寶，並常對小寶寶說話的媽媽，產後育兒焦慮症會明顯減輕許多。

對父母來說，面對新生兒最大的煩惱之一就是：「小寶寶不會說話，所以不知道他想怎樣。」由於成人習慣並依賴以言語進行溝通，所以育兒時，這點也是最讓家長頭痛的問題。

媽媽如果能在懷孕期間就開始訓練直覺，感知肚子裡小寶寶的想法，便能學習不依賴語言也能和孩子溝通的方式。

在我的診所裡，很鼓勵媽媽們跟肚子裡的小寶寶說話，也因此很少有媽媽在生產完後罹患嚴重的憂鬱症。不只如此，有越來越多媽媽開心的表示：「我能夠了解小寶寶想說什麼，真是得救了。」

例如：新生兒微微哭泣時，媽媽很快就能意會到「寶寶想要稍微挪動頭的位置」。我時常看到像這樣，媽媽憑著直覺去照顧寶寶，而讓寶寶情緒立刻好轉的情況。

媽媽若能跟肚子裡的小寶寶交流溝通，不僅能夠減輕身體的負擔，還具有放鬆心情的效果喔！

# 該怎麼跟小寶寶聊天呢？

跟肚子裡小寶寶溝通的基本原則，就是「投注情感」。建議媽媽跟小寶寶說話時，將手放在肚子上。

小寶寶的皮膚在懷孕十二週時就已經有感覺。而且寶寶就位在媽媽皮膚下約三公分的地方，非常貼近肚皮。

所以媽媽將手放在肚皮上，小寶寶可以用肌膚感受媽媽的溫度。

此外，外界的聲音也會相當清楚地傳到小寶寶的耳中，特別是媽媽的聲音，小寶寶會聽得更清楚喔！

至於聊天內容，其實任何話題都可以。有些媽媽會像實況轉播般把每天的日常瑣事說給寶寶聽，像是：「今天天氣很好喔」、「媽媽吃了很美味的一餐」、「差不多該睡了吧」等等。

媽媽當然也可以唸繪本或是唱兒歌給小寶寶聽。據說媽媽在懷孕期間常讓小寶寶聽的繪本或兒歌，他們在出生後也都會很喜歡。

媽媽跟肚子裡的小寶寶講話時，可以先為小寶寶取個像「牛奶妹」之類的暱稱（胎名），這樣聊起天來會更順利。

「我在媽媽肚子裡的時候，媽媽叫過我『牛奶妹』喔！」有些孩子甚至記得胎名呢！

我也聽媽媽們分享過，自己從未提過胎名，但孩子卻替喜歡的娃娃取了相同名字的案例。

所以肚子裡的小寶寶，肯定是用幸福的心情，聆聽媽媽對自己訴說的溫柔話語。

# 試著感知小寶寶的想法

直到最近，我才逐漸明白媽媽對肚子裡小寶寶說話的重要性。

但我依然希望媽媽們能進一步試著「感知小寶寶的想法」。

也許很多人內心會抱持著疑惑，認為：

「肚子裡的寶寶既看不到也無法和他對話，我們真的有辦法了解他們的心情嗎？」

我認為媽媽相信自己能跟肚子裡的小寶寶溝通，而且本身也有這種意願才是最重要的。因為懷孕中的媽媽感覺相當敏銳，會比平時更擅長感知他人的心情。

小寶寶和媽媽透過臍帶相連，媽媽攝取到的營養、氧氣，甚至是伴隨情緒產生的賀爾蒙變化，都是透過臍帶輸送給小寶寶。而臍帶並非只是進行單方面的輸送，小寶寶體內的二氧化碳、代謝物等物質，同樣是透過臍帶送回母體。

進一步來說，小寶寶和母親之間的連接，不僅限於肉體層面的臍帶。從先前的章節介紹過的「出生前記憶」可以得知，肚子裡的小寶寶跟媽媽之間彷彿有心靈感應；小寶寶對於媽媽看到、聽到以及感受到的事物，都擁有相當具體的認知。所以寶寶和媽媽之間無論身心其實都是緊密相連的。

聽到那些案例後，不禁讓人覺得小寶寶和媽媽之間，也許有條無形的「心靈臍帶」相連呢！

# 跟寶寶溝通的小技巧

除了對肚子裡的小寶寶溫柔的說話以外，接下來我將跟爸爸媽媽們介紹六種和小寶寶溝通的小祕訣：

1. 踢踢遊戲
2. 用探測術互動
3. 請大寶擔任媽媽跟小寶寶間的翻譯
4. 將夢境記錄下來
5. 嘗試自動書寫

## 6. 重視靈光乍現的想法

這幾種方法，接下來讓我依序為各位說明吧！

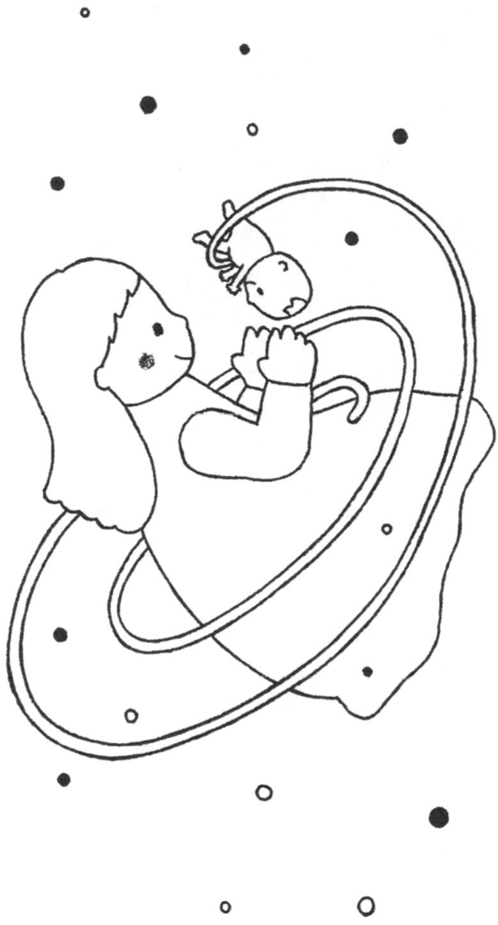

## 來玩踢踢遊戲

那些保有出生前記憶的孩子們，經常提到：

「我踢過媽媽的肚子喲！」

「我跳過舞呢！」

「我很愛吸手指呢！」等自發性活動身體的感想。

小寶寶的這些動作，會讓媽媽感受到胎動。

特別是肚子裡的小寶寶發育到某種程度後，會用腳踢媽媽的肚子，媽媽能清楚察覺到寶寶在肚子裡動來動去。

「踢踢遊戲」即是媽媽利用小寶寶在肚子裡踢腿的感覺，和他進行溝通的一種方法。

遊戲的方法，第一步就是在小寶寶踢肚子時，適時地給予回應。

當寶寶踢一下肚子後，媽媽不妨試著對孩子說：

「你踢了一下媽媽的肚子呢！媽媽很高興知道你很有活力喔！」然後回應地輕拍一下肚子。

當小寶寶踢第二下時，媽媽也用類似的節奏輕拍肚子兩下。

肚子裡的小寶寶會在動作反覆進行的過程中，注意到媽媽對於自己的踢腳是有反應的。也許小寶寶會因此感到有趣，踢個不停也說不定。

媽媽也可以對寶寶說：

「媽媽會拍肚子喔，那你也踢踢看吧！」

接著輕拍一下肚子，等待小寶寶的反應。

即使起初不太順利，但只要持之以恆，小寶寶最終也會用踢肚子來回應媽媽的。

等踢踢遊戲玩熟以後，媽媽可以嘗試跟小寶寶用這種方式訂規則，這麼做相當有趣喔！

媽媽可以對寶寶說：

「如果『是』的話就踢一下，『不是』就踢兩下。」

談好規則後，媽媽就能依照踢肚子的狀況，清楚掌握小寶寶的心情了。

例如，媽媽去超市不曉得該買哪個食材好時，向小寶寶拜託：

「用踢腳跟媽媽說你想吃什麼吧！」

然後將好幾樣食材拿在手中，試著比較踢腿的反應。

媽媽也可以邊聽音樂邊對小寶寶說：

「如果你喜歡這首歌，就踢一下告訴媽媽喲。」

我過去曾請幾位媽媽幫忙，讓肚子裡的小寶寶聽各種不同風格的歌曲，並調查他們的反應。

結果發現，肚子裡小寶寶對於喜歡的音樂類型也不盡相同，當播放到他們喜歡的音樂時，有的媽媽甚至會感覺到小寶寶用全身力氣在跳舞呢！

談到胎教音樂，大家最先想到的必定是莫扎特，但其實小寶寶也有自己的個性跟喜好。

只要懷孕的媽咪能意會到肚子裡小寶寶的想法，就不會受到普遍的資訊左右，不管是食物還是音樂也好，都能找到真正適合自己和小寶寶的選擇。

有些媽媽甚至會利用踢腳遊戲，與小寶寶進行具體的溝通。

有位懷孕的媽媽曾經問小寶寶：

「告訴媽媽你會出生的日子吧！」

然後逐一指向月曆上的日期，指到某天時，小寶寶踢了一下肚子，向媽媽傳達自己想出生的時間。

當然小寶寶未必真的會按照指定的日期出生，多少會有前後幾天的誤差。話雖如此，但來我診所看診的媽媽們告訴我，小寶寶回答的出生日準確度高到很難說是偶然，聽到這些事，我也感到相當驚訝。

其中最令我印象最深刻的案例，是小寶寶用踢腳遊戲催促媽媽來看診。

某位懷孕媽媽到我們診所掛急診，並向我們表示：

「我肚子發脹，內心很猶豫要不要來，所以我問小寶寶：『如果你認為媽媽應該去醫院，就用腳踢踢我。』想不到小寶寶真踢了一腳，所以我就趕快來了。」

我診察後，發現那位媽媽的身體狀況確實到了該就診的程度。

那麼，踢腳遊戲從何時開始比較好呢？

普遍來說，媽媽是從懷孕五個月開始就能感受到胎動。而小寶寶的確也必須做到能用腳踢肚子的程度，媽媽才能有明顯感受。但其實這種利用胎動跟小寶寶溝通的方式，早在懷孕初期就可以實行了，不用等到小寶寶採取踢腳的大動作後才做。

肚子裡的小寶寶開始活動身體的時間，遠比媽媽感受到寶寶踢腳時要早得多。媽媽懷孕十二週左右的胎兒就很活潑了。

比較敏感的媽媽，甚至將手放在肚子上，就能隱約感受到小寶寶微微的胎動。

當我用超音波為懷孕十到十二週的孕媽咪們檢查，向他們表示「小寶寶在動」時，某些媽媽曾告訴我：

「我知道這種感覺，很像魚在手上微微彈跳著。」

「很像蝴蝶在手掌上振翅的感覺。」

所以，請各位懷孕的媽媽們，拋開懷孕五個月後，才能感受到寶寶胎動的刻板印象。

只要腦海中浮現「是這種感覺嗎？」的想法時，不妨立刻把手放在肚子上，跟寶寶說說話吧！

也許在媽媽掌心下的小寶寶，正喜悅得手舞足蹈也不一定呢！

## 用探測術互動

所謂探測術（Dowsing），就是使用靈擺來詢問對方「是」與「否」的方法。

探測術是種在世界各地延續四百年以上的傳統技術，起初是用來尋找水源。原理是基於「身體能洞悉一切」為前提，透過無意識的肌肉反應來獲得答案。

雖然探測術並不是發明用來跟肚子裡小寶寶溝通的方法，但就我個人的經驗來看，它的方式也具有參考價值。

想知道如何使用探測術，就必須先認識靈擺的擺蕩方式。

先拿一條線綁在像五圓日幣或水晶等物品上，接著讓靈擺自然下垂，並放輕鬆心情。腦海中先浮現幾個已知的問題，例如：「這裡是日本嗎」、

「我是女生嗎」等。但並不適合問，像「今天是雨天嗎」之類的問題，沒有指定明確的時間及場所，而無法判斷答案的問題就不行。

當你察覺到自己在心無雜念的情況下，靈擺不受自己控制而擺蕩時，就會發現靈擺回答「是」跟「否」的擺蕩方式不一樣。

其擺蕩方式則因人而異，例如：有人靈擺往右旋轉代表「是」，往左旋轉代表「否」；或者縱向旋轉代表「是」，橫向旋轉代表「否」。

只要記下自己靈擺的擺蕩方式，就算是未知的問題，也可以藉由靈擺的擺蕩來判斷答案。

孕媽咪在學會後，就能利用靈擺問肚子裡的寶寶：

「你現在正在睡覺嗎？」

「媽媽現在稍微躺著休息比較好嗎？」等問題。

當媽媽能理解小寶寶的想法後，寶寶的想法便會自然反應在媽媽的身體狀況上。

由於進行探測術時很講求專注力，所以若能持續練習，也有提高直覺力的效果。

## 請大寶擔任翻譯

如果家中有先出生的小孩，請他們告訴媽媽肚子裡小寶寶的狀況也是一種方法。

我在調查出生前記憶時，發現手足之間擁有不可思議的羈絆。

在媽媽本人察覺到懷孕之前，率先知道「媽媽肚子裡有寶寶」的孩子很多，甚至還有小孩曾將臉湊近媽媽的肚子說：

「我從媽媽的肚臍看到小寶寶了。」

我還聽過某位媽媽說，先出生的小孩有次望著肚子說：

「小寶寶在睡覺。」

過沒多久孩子接著喊：「啊、他醒來了」的同時，原本靜悄悄的小寶寶突然動起來了。

根據我以往的經驗，如果先出生的小孩語氣肯定的斷言：

「小寶寶是男生，我看到他的小弟弟了。」

「小寶寶明天就會出生。」

通常準確度都很高。

至於先出生的孩子為何「能看見肚子裡的小寶寶」，至今仍然無法用科學來解釋。但是我們可以利用這種很多人有過的經歷，來得知肚子裡小寶寶的心情。

如果家中有先出生的孩子，媽媽不妨拜託他們：

「聽說透過肚臍的洞，可以看到小寶寶。你可以告訴媽媽小寶寶目前的情況嗎？」

我想您的孩子一定會很樂意去了解肚子裡小寶寶的狀況。也許孩子替小寶寶傳達的訊息，是媽媽根本想像不到的內容呢！

要注意的是，就算孩子說出來的話很荒誕，也請媽媽不要否定或是取笑孩子。

難得孩子願意替媽媽傳達訊息，不管如何媽媽都要坦然接受，並向孩子道謝：「謝謝你告訴我。」

這麼做之後，孩子的內心會充滿著「自己有幫上媽媽忙」的驕傲感，進而培育出「我快當哥哥（姐姐）」的自覺，並開始期待小寶寶的誕生。

手足關係之中，也包含了互相爭奪母親寵愛的敵對意識。但是，透過讓先出生的小孩「擔任媽媽跟弟妹之間的溝通橋樑」，會讓他先與未出生的寶寶進行有意識的溝通，這樣等小寶寶出生後，孩子也會欣然接受這新生命。

我聽說有不少可靠的哥哥姐姐，從幼稚園或小學放學後，會急著跑回家照顧小寶寶。

兄弟姊妹能夠和睦相處的話，育兒之路也會順遂許多。基於這樣的考量，我很推薦媽媽使用這個方法。

## 將夢境記錄下來

不少媽媽表示自己在懷孕期間，曾夢過尚未出世的寶寶。

有位媽媽在懷孕五個月時，曾夢見寶寶告訴他：

「我跟神仙約好了，出生時會是個男生。」

後來，出生後果真是個男孩。

這種小寶寶告知自己性別的夢境，幾乎十之八九都會吻合。
甚至還有小寶寶在夢中告知大人自己的名字。
曾有個小寶寶在夢中，告訴媽媽自己的名字時，媽媽說：
「爸爸已經決定好你的名字了。」
結果隔天，爸爸和奶奶竟同時夢到，寶寶告訴他們自己想要的名字。
最後爸媽們決定，替小寶寶取了他想要的名字。
由此可見，肚子裡的小寶寶若有什麼想傳達的訊息，也有可能選擇在夢境中出現。

還有位懷孕的媽媽，初期因持續出血，內心感到忐忑不安的時候，小寶寶來到夢裡鼓勵她。

小寶寶在夢中告訴媽媽：

「媽媽別擔心，我會健康生下來喔！是哥哥笑咪咪地把我接過來的。」

那位媽媽跟我說：

「寶寶夢裡提到的哥哥，是我當時三歲的兒子。兒子在我懷不上第二胎的時候，就經常抬頭看著天空，為我呼喚小寶寶。

雖然受孕過程不太順利，但是某天兒子突然對我說：『我昨天飛去天上，有個笑嘻嘻的小寶寶，正準備進入媽媽的肚子呢！』

兒子在我懷孕出血不止的時候，也曾經安慰我說：『媽媽，妳不用擔心喲。肚子裡面的小寶寶很健康，即使我不在，他也不會飛回天上去，所以沒問題的。』」

對小寶寶而言，也許夢境是跟媽媽進行溝通的重要途徑吧！

也有小孩表示：

「我在肚子裡的時候，曾經在媽媽的夢中出現過呢！只是媽媽沒有注意到。」

只要懷孕的媽媽養成趁著夢境還記憶猶新的時候，趕快寫下來的習慣，夢中的情境就會變得更加鮮明，更容易保留在記憶之中。

媽媽如果有事想問小寶寶，不妨睡前放輕鬆，並在腦中明確想著自己想問的問題。我想對於孕媽咪來說，懷抱著可以跟小寶寶對話的期待感入眠，睡覺也會變得開心許多吧！

## 嘗試自動書寫

我們先將一張白紙放在桌上，接著拿起筆，將意識集中在肚子裡的小寶寶上，心情放輕鬆。接著手就會自動寫出文字或是描繪圖畫。這種方法稱作自動書寫。

剛開始可能只會畫出些簡單的線條，但在持續練習的過程中，畫出來的圖案會變得越來越細膩。

有關自動書寫的實例，在我監修過的《我跟媽媽在出生前就能對話喔》①一書中有許多相關記載。就算使用自動書寫的是同一位媽媽，但在懷不同寶寶時，所描繪出來的內容，以及想用的文具都會有差異喔！

## 重視一閃而逝的靈感

媽媽也可以從突然間「靈光一閃」的想法，理解到小寶寶的心情。

當懷孕的媽媽突然出現「沒來由的感覺」時，請別急著否定是「自己的錯覺」。只要認真看待這種感覺，就能逐漸明白肚子裡小寶寶的想法。

某位母親曾有過這樣的體驗：

「以前我經常對著肚子裡的小寶寶講話，卻從沒有感受到任何反應。某天夜裡，我被巨大的雷響吵醒。不間斷的雷聲使我難以入睡，就在我昏昏欲睡的時候，腦中突然浮現『龍佑』這兩個字。

不可思議的是，隔天我丈夫和鄰居談到昨晚打雷的事時，鄰居卻表示沒有聽到任何雷聲，連我去查看氣象資訊，當天也沒有任何打雷的紀錄。」

由於那位母親認為這段體驗是來自小寶寶的訊息，所以便將小寶寶取名為「龍佑」。

最耐人尋味的是他的下個寶寶，也同樣用這樣靈光乍現的方法告訴媽媽自己想要的名字。

「龍佑的妹妹還在我肚子裡時，某天我正在為了要幫小寶寶取什麼名字而煩惱，突然間，腦海冷不防浮現『賴奈』兩個字。

---

① 《ママと、生まれるまえからお話できたよ》二見書房，二〇〇七年出版。

結果，當天孩子的爸爸下班回來，對我說：『孩子的名字我取好了』。而我們倆果然異口同聲的說出『賴奈』這二個字。」

我認為只要大家能重視突如其來的靈感，必定會有更多媽媽能跟自己腹中的小寶寶溝通。

# 樂在其中的跟寶寶說話

媽媽跟小寶寶進行溝通時，擁有快樂的心情是最重要的。媽媽越是放鬆，讓自己盡情想像，就越能感知到小寶寶的心情。

了解肚子裡小寶寶的行為，並不是一場追尋正確答案的考試。將自己想了解寶寶的期盼，還有在意寶寶的想法傳達給孩子才是最重要的。

媽媽可以這麼問寶寶：

「你有這樣的感覺嗎？」

「還是你想告訴我這件事呢？」

像這樣任由想像無限蔓延，就是跟小寶寶溝通的起點。

如果媽媽無法感受到小寶寶的心情，也不要沮喪。因為對小寶寶來說，媽媽留意到自己，就是件讓他開心的事了。

只要媽媽對肚子裡的小寶寶投注關愛，小寶寶就會有「受到媽媽重視」的安心感。

媽媽對著肚子裡的寶寶說話，對母子雙方來說，無疑是最棒的禮物。

# 請爸爸也對小寶寶說話吧

爸爸對肚子裡的小寶寶說話，會對育兒很有幫助。因此我強烈建議各位爸爸也這麼做。

爸爸跟媽媽不同的地方，在於跟小寶寶不是生命共同體。

我曾聽某位女性說過，自己在嬰兒時期曾有過這樣的記憶：

「爸爸抱我的時候，我感覺像被拋到宇宙一樣，非常不安，所以忍不住嚎啕大哭。」

有些爸爸即使想好好疼愛自己剛出生的寶寶，但一抱起寶寶卻惹得寶寶大哭，我去詢問那些爸爸們後發現，他們當中很多人，在寶寶還待在媽媽肚子裡的時候，從未跟他們說過話。

爸爸不像媽媽一樣，跟肚裡的小寶寶身心相連，除非爸爸積極接觸小寶寶，不然對小寶寶來說，爸爸只是個陌生人。所以爸爸更應該每天都把手放在媽媽肚子上，對著小寶寶講話，及早培育親子的羈絆。

而且對懷孕的媽媽來說，看到爸爸對小寶寶講話的情景，精神上會更穩定。媽媽的身心越健康，對於懷孕和生產過程都有很好的幫助。

對於小寶寶來說，每當聽見爸爸的聲音，媽媽內心產生的「幸福感」就會透過臍帶緩緩流向自己，也會因此變得喜歡爸爸。

有些爸爸會比媽媽更頻繁的對肚子裡小寶寶講話，甚至有孩子出生後還表示：

「我是爸爸生下來的。」

即使爸爸忙於工作，單身赴任跟家人分隔兩地生活，媽媽也可以將話筒貼在肚子上，透過電話讓爸爸跟小寶寶講話。

小寶寶熟悉爸爸以後，爸爸也會產生自信，更積極地參與育兒吧！這麼做可以減輕媽媽的身心負擔，也能用更寬裕的心情面對孩子。

育兒是全家人的事情。所以請全家人將長達四十週的懷孕期，當作是跟肚子裡小寶寶加深羈絆的日子，好好珍惜這段時光吧！

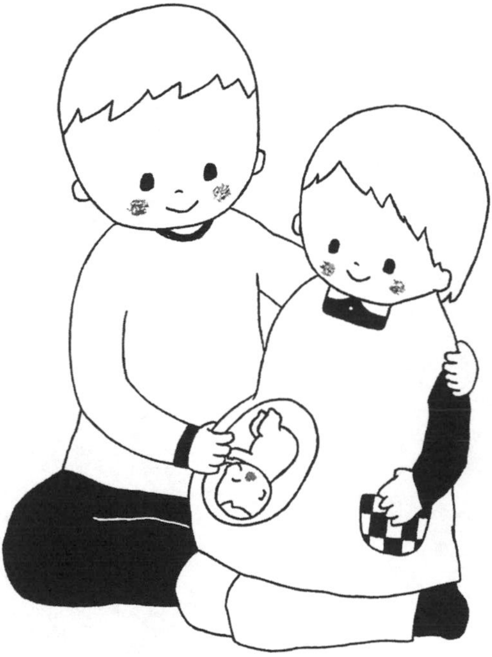

第四章

# 小寶寶不可思議的世界

# 除了胎內記憶，寶寶還記得什麼

我在「出生前記憶」的調查過程中，邂逅了有點不可思議的「記憶」：那是胎兒在住進媽媽肚子前，被比喻成用「靈魂」的身分待在雲上的記憶（轉生記憶）；還有胎兒誕生前，曾以不同人的身分活在世上的記憶（前生記憶）。雖然大家普遍常用「轉世」和「前世」來形容，但我在本書選擇使用「生」這個字。

除了胎內記憶和誕生記憶之外，談論出生前記憶的小孩其實也很多。

但是這種記憶，必須以承認靈魂存在，還有輪迴轉生的觀點為前提。

由於這類的記憶並無法用科學證實，所以也有人主張這不應該被視為是「記憶」。

然而我卻調查到孩子有很多類似的記憶。不只如此，不同孩子的記憶卻具有某些共通點，因此我也無法全盤否定。

至少就我個人的感覺而言，這些無法以科學證實的記憶，反映了孩子們真實的心聲。

接下來讓我跟各位介紹，孩子們有點不可思議的記憶吧！（以下記載的歲數，是孩子當時敘述記憶的年齡。）

我以前是光喔，還有很多光的朋友。

（四歲男孩）

（出生前待的地方）非常快樂喲！大家笑著，還有唱歌。什麼願望都能實現，想要什麼就有什麼，大家都很溫柔。那裡開著很多花，有香香的味道。

（四歲女孩）

雲上面有很多小孩，有大人照顧我們，小朋友們從空中往下看，選好家的人就下去。然後我也選擇到媽媽在的地方。

（三歲男孩）

我待過魔法世界喲。魔法世界很亮、很溫暖、舒服。當天空快變成晚上時，魔法師會幫我們變回早上。

（四歲男孩）

> （雲上）有老爺爺、老奶奶，還有很像媽媽跟爸爸的人，各種人都有。大家做了很多雲和棉花混合的東西吃掉，很好吃。還有用銀色屋頂和雲建造的家，大家一下子變成圈圈，一下子變成叉叉在玩。
>
> （不明）

雖然孩子們說的內容不盡相同，但描述的形象都有共通點：那是個軟綿綿、安祥和樂的世界，並在神仙的守護下，過著無憂無慮的生活。他們也經常跟和自己一樣的小孩子們玩。轉生前的世界在孩子們的印象中，就像是宇宙和天空般在很高的地方，因此經常被比喻成「雲端上」。

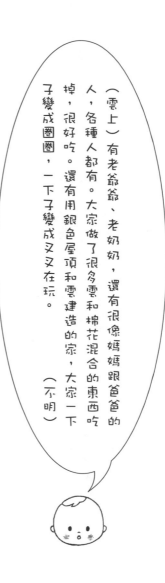

# 小寶寶會選擇自己想要的媽媽

因為聽到了笑聲，所以想要到這個家。
（不明）

我跟神仙一起用雲上的電視機看著爸爸跟媽媽，因為媽媽看起來很溫柔，所以我才誕生在這裡。
（七歲女孩）

我在雲上發現看起來很溫柔的媽媽，於是跟叔叔說「我想去那個家」。
（國中生）

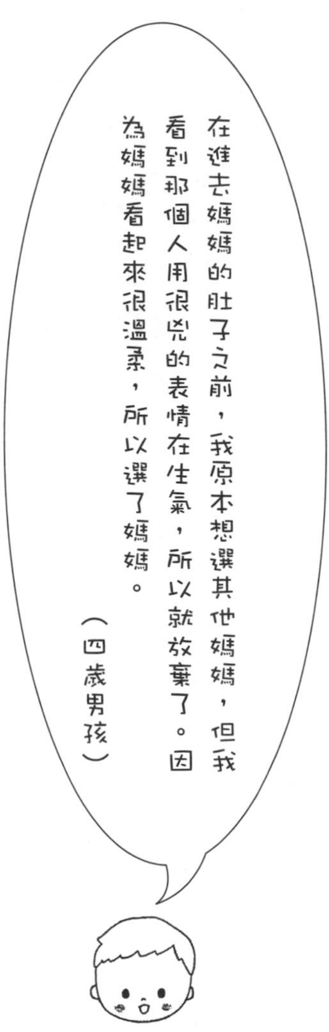
在進去媽媽的肚子之前，我原本想選其他媽媽，但我看到那個人用很兇的表情在生氣，所以就放棄了。因為媽媽看起來很溫柔，所以選了媽媽。
（四歲男孩）

孩子們會從雲端上往下眺望，選擇媽媽，然後降落到世上。

最受孩子們歡迎的是「感覺很溫柔的媽媽」，但也有孩子在出生後表示反悔。某位國小女童曾向媽媽抱怨：

「原來我搞錯了，我以為妳會是溫柔的媽媽才成為妳的孩子，如果妳老是生氣，我還是回去雲上好了。」這話讓媽媽聽了膽顫心驚的。

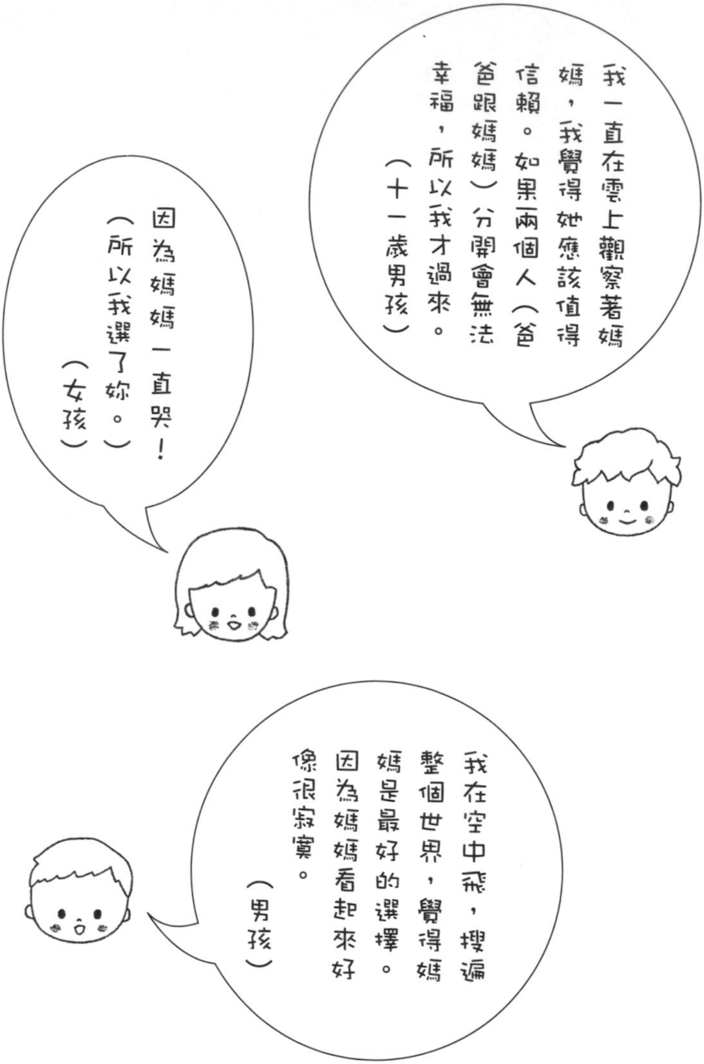
我一直在雲上觀察著媽媽，我覺得她應該值得信賴。如果兩個人（爸爸跟媽媽）分開會無法幸福，所以我才過來。
（十一歲男孩）
因為媽媽一直哭！
（所以我選了妳。）
（女孩）
我在空中飛，搜遍整個世界，覺得媽媽是最好的選擇。因為媽媽看起來好像很寂寞。
（男孩）

那位「一直哭泣」的媽媽，想懷孕卻屢屢失敗，每當聽到朋友傳來喜訊，就會忍不住難過的哭泣。

那位「感覺很寂寞」的媽媽，其實是位單親媽媽。小男孩很高興自己的出生為母親帶來幸福。

所以不只是「溫柔的媽媽」，「寂寞的媽媽」和「難過的媽媽」在孩子之間也很受歡迎。

孩子們是基於希望自己的出生，能夠帶給媽媽笑容和幸福的想法來做選擇。媽媽們知道了這件事後，應該會更想好好疼愛自己的小寶寶吧！

我想成為女明星，所以選了媽媽。天上有許多通往各種媽媽身邊的樓梯，因為媽媽長得最漂亮，我想如果她是我媽媽，會讓我成為女明星。

（五歲女孩）

被生下來前，我跟神仙約好要跟媽媽說很多話，跟媽媽寫一本內心話的書。

（八歲男孩）

有些孩子是懷抱明確的人生目標，來為自己選擇最適合的媽媽。那位想成為女明星的小孩，媽媽因為孩子自己要求，所以開始上了戲劇課。媽媽也曾擔心課程太過嚴格，孩子會受苦，但孩子卻自己說了上述的那番話。

聽到孩子的話，媽媽內心鼓起了勇氣，決定再苦也要陪孩子繼續下去。

那個說想寫書的小孩，媽媽是位作家。孩子保有很多出生前的記憶，而媽媽也因為自身行業的關係，將他的記憶全都記錄下來。對孩子來說，他應該也來到了適合實現理想的環境吧！

你的孩子是懷抱著何種目標誕生於世呢？光是想像就很有意思呢！

# 小寶寶一直在天上觀望著媽媽

我跟妹妹看過爸爸跟媽媽好多次呢！我們拜託小鳥，將我們帶到在雲下面的爸爸、媽媽身邊。我們看到了媽媽的婚禮，連約會的時候都有看到喲！

（六歲女孩）

我在被媽媽生下來前，待在很大很大的雲朵上。我還飄到奶奶家隔壁，看到媽媽和朋友們穿著浴衣玩得很開心。

（五歲女孩）

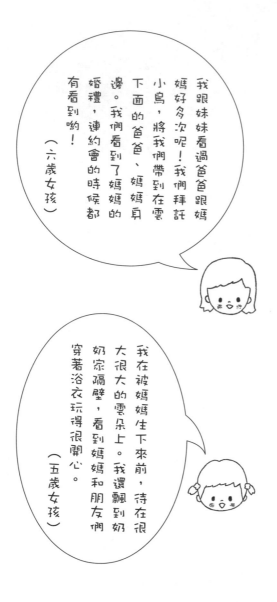

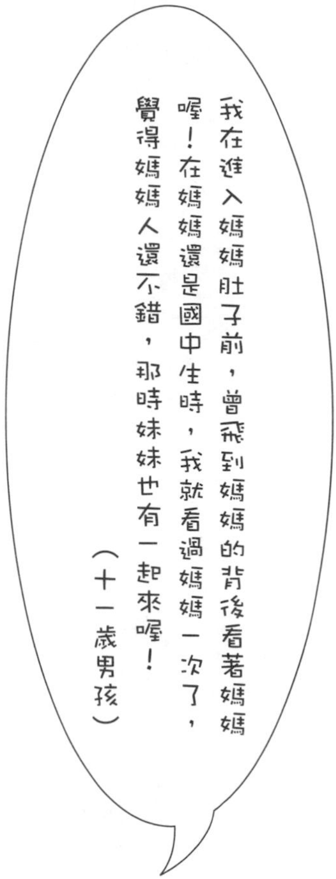
我在進入媽媽肚子前，曾飛到媽媽的背後看著媽媽喔！在媽媽還是國中生時，我就看過媽媽一次了，覺得媽媽人還不錯，那時妹妹也有一起來喔！
（十一歲男孩）

某些小寶寶在住進媽媽肚子前，就已經在雲端上觀望媽媽了。

我也曾聽過有媽媽說，早在婚前就夢過自己的小孩，等孩子生下來過了好一陣子，才發覺孩子曾出現在夢中。

大家都知道，邱比特的形象就是個嬰兒，而那些選擇「讓這個媽媽跟爸爸生下來」的小孩，或許可能就是夫婦之間的邱比特呢！

所以母子間的羈絆，早在小寶寶住進媽媽肚子以前就已經存在。

# 手足的緣分，打從出生前就存在

我們在沒出生前，都想選同一個媽媽，於是決定猜拳。結果是我贏，所以我就先出生了。
（十二歲姐姐）

我記得猜拳的事。我邊想著『還沒輪到我嗎』，邊從很像望遠鏡的小洞看著。（然後）天使就告訴我『已經可以出生囉』。
（十歲女孩）

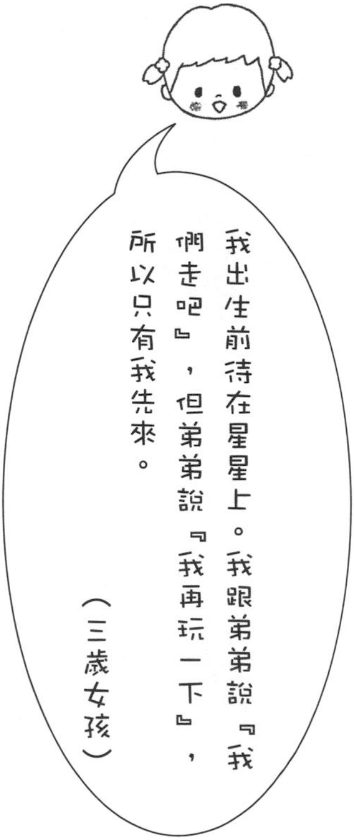
我出生前待在星星上。我跟弟弟說『我們走吧』，但弟弟說『我再玩一下』，所以只有我先來。
（三歲女孩）

除了媽媽以外，尚未出生的小寶寶跟兄弟姊妹之間也有很深的靈魂連結。那位說只有她先來的女孩，某天突然跟媽媽說：

「我的星星朋友又多了一個喔！」

媽媽聽到女兒的話有點在意，用驗孕棒測試後發現自己又懷了下一胎。

我常常聽到孩子說，他們會跟在雲上結交到的好朋友選擇同一位母親。即使在雲端上結交的朋友，沒有成為自己的兄弟姊妹，一旦在這個世上相遇時，也很快就會認出彼此。

有個孩子上幼稚園時，看到一位初次見面的小孩後說：「啊，他跟我在雲上一起玩過。」

接著兩個人很快就玩在一起了。

雖然「雲端上的記憶」無法用科學證實，卻能讓我們深深感受到生命的不可思議跟喜悅。

當媽媽親耳聽到孩子對自己說：「是我選擇來當媽媽的小孩。」想必也會被深深感動。除了變得更愛孩子外，在育兒的過程中，也更能將孩子視為獨立的個體來尊重。當大家了解到這層意義後，便能了解，比起探究「雲端上記憶」的真實性，自己從中獲得的啟發才是最重要的。

周產期心理學的先鋒者大衛・張伯倫（David.Chamberlain）博士說：

「記憶是人的一種特質，也是組成人的其中一個面向。並非是成長到某一階段才有的，而是從生命初始時就已經與我們共存。」

或許那些「出生前的記憶」，不是刻劃在腦海中，而是刻劃在靈魂之中也說不定。

# 小寶寶願意出生的原因

從孩子的話中我發覺到，「出生前記憶」中，除了有小寶寶在肚子裡的記憶（胎內記憶）和生產過程的記憶（誕生記憶）之外，還有轉世記憶和前世記憶。

儘管每個孩子所說的細節各不相同，但描述的情境大致上都有以下的共通點：

「出生前待在很像雲上的安祥世界，在神仙的守護下過著無憂無慮的生活。由孩子們決定自己是否要出生，選擇想要的媽媽，然後下來凡間。」

雖然當中也有非自願出生或是無法自己決定父母的孩子，但絕大多數的小孩，都是自己選擇想要的人生。

在調查小寶寶的記憶時，讓我們意外看見了「大家都是選擇想要的人生而誕生」的人生觀。

# 孩子們描繪的「出生前記憶」

出生前記憶並不限於用口述表達，不少孩子也會將他們的出生前記憶畫成生動活潑的圖畫。讓我們來欣賞一下這些孩子們耐人尋味的作品吧！

## 孩子們的「出生前記憶」畫展

＊引號裡的內容是畫這幅畫孩子的感想，至於其他內容和括號裡的文字是針對圖畫的感想和補充說明。

7歲　男孩

「我待在媽媽肚子裡的時候，媽媽肚子的顏色是紅色的又有一點咖啡色，可以聽到媽媽的心跳聲喔！那時我很想趕快長大。」

很多孩子都記得肚子內的顏色和明暗，而且能聽到媽媽的心跳聲。

7歲　女孩

「雖然四周黑漆漆的看不清楚，但我有看到一道光。光依序發出紅、橙、黃、黃綠、綠、淺藍、藍紫和粉紅色。我用手摸了摸媽媽的肚子裡面，感覺圓圓的，很像被關在一個圓洞穴中。到處都凹凸不平。」

微弱的光線射入子宮，小寶寶看得見光線的各種色彩。凹凸不平的部分指的應該是胎盤跟血管。

7歲　男孩

「媽媽的肚子裡有超多凹凹凸凸的地方，也有血管，我一直在睡覺。」

這個孩子將胎盤和血管形容的很具體。有的小孩會用「很多條筋」來形容。也許胎盤跟血管，跟臍帶一樣，會給孩子們留下深刻的印象。

11歲　女孩

這幅畫描繪的是出生前的世界。太陽和月亮同時出現在畫中。穿著金色漂亮衣服的人，守護著孩子，孩子們正開心嬉戲著。

「有扇用來看外面的窗戶（中央雲朵右上方的圈圈），小朋友們會透過那扇窗眺望地上的世界，選擇自己想要的媽媽。決定要出生後，就會被裝上翅膀，跟著

天使一起出發（圖右下方描繪的兩個人）。

小孩會在空中飛，接近地球後，會出現一扇浮在半空中的門。門的周圍有道無法通過的隱形牆壁，打開門後，就會直接住進媽媽的肚子裡。」

9歲　女孩

這是孩子在出生前去見媽媽時的情景。

「我在雲上的世界（指圖內的山）邊散步邊探頭望著地下時（圖下方），看到一個被很多小朋友圍繞，感覺很溫柔的幼稚園老師，也就是媽媽。山腳下有樓梯，會連接天堂跟地獄。

樓梯上有柵欄，上面的地獄有時候會下黑雨。雖然神仙說『淋到黑雨會生病，趕快進來家裡。』但（我的）哥哥還是繼續玩，所以被神仙罵了。」

那個孩子將地獄畫在上方。至於此頁上圖是他將山腳的「樓梯」放大的樣子，是許多四角形從左上方往下連接的圖象。

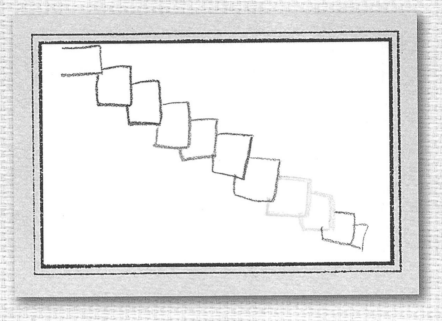

4歲　女孩

這幅畫是從雲上降落到地上的情景。

「我跟綠色頭髮，身上有二個翅膀的大哥哥，還有黃色頭髮，身上有四個翅膀的大姐姐手牽著手，他們說：『就是那邊的家』，然後我們一起降落下來。爸爸跟媽媽邊揮手邊喊著：

『嘿，來這裡喲！』」

*此處翅膀單位及描述數量有誤，但為了尊重孩子的原意，所以特地保留。

5歲　女孩

這幅畫是雲上的風景。

「小鳥把水果放進袋子裡，幫小朋友們送點心。」

小朋友在圖中描繪了神仙（右邊數過來第二個）、天使（最右邊）和弟弟（最左邊）。明顯感受到畫圖的孩子和弟弟感情很深。

# 問問孩子是否保有「出生前記憶」吧

大家看過前幾章中孩子們的記憶和圖畫後，是否也產生了詢問自己孩子「出生前記憶」的想法呢？在我的診所裡，有越來越多的媽媽這麼做，以下有幾個詢問孩子的小祕訣提供給大家參考。

## 趁孩子年幼時問

根據我的調查，孩子過了一歲會開口說話後，就會提到「出生前的事」，這段記憶的巔峰期落在兩歲到四歲之間。一旦孩子過了這段時期，記憶會越來越薄弱。

會有這種現象可能是因為孩子在學習各種事物和合理邏輯的過程中，將這份記憶蒙上一層朦朧的面紗吧！

所以媽媽如果想問小孩最好趁早問。就算是還不會講話的孩子，只要媽媽問：「你在肚子裡面做了些什麼呢？」孩子也會用肢體語言來告訴你。

## 將孩子說過的話記下來

某些孩子講出記憶，覺得夠了以後就會忘得一乾二淨。不管事後再如何向他們確認，也會一臉茫然地回答：

「我有說過這種話嗎？」

我認為孩子在說出記憶後，會感到滿足，隨後就會被當作是不必要的資訊，而塵封起來。

基於孩子很有可能不會再說第二遍的考量，媽媽們最好還是記下來吧！

## 在輕鬆的氣氛下詢問孩子

雖然孩子們保有出生前記憶，卻不會主動提起。所以媽媽們不妨主動詢問孩子。

根據我的調查，孩子多半在如洗澡、躺在被窩裡準備睡覺等放鬆的環境下才會想說。媽媽可以將孩子擁入懷中，在媽媽體溫的包圍下，較容易喚起孩子在子宮內漂浮於溫暖羊水中的記憶。

## 利用繪本和CD誘導孩子說出來

我在一所幼稚園，將我的著作《媽媽，我記得待在肚子裡發生的事》②唸給孩子們聽的時候，孩子們異口同聲地說：

「我知道那個！」

「我也記得！」

另一種方法是給孩子聽錄有子宮內聲音的CD。「胎話音樂」是我自行製作的CD。我先在子宮內植入小型麥克風，請人在媽媽身旁演奏音樂，然後將在子宮內錄到的音樂聲製作成CD。當孩子們聽到待在媽媽肚子裡時似曾相識的聲音時，很可能會喚醒他們當時的記憶。

## 孩子不想談時，不要勉強

某些孩子被問到出生前記憶時，會產生刻意岔開話題或明顯表現不想說的態度。如果媽媽在詢問題遇到這種情況，請不要強迫他們。

有些小孩在誕生時有痛苦的體驗，所以事後會不願意去回想。只要媽媽用寬容的心對待，不要刻意過問，等孩子內心的傷痛痊癒後，可能就會主動

② 《おぼえているよ。ママのおなかにいたときのこと》二見書房，二〇〇二年出版。

說出來。

## 接納孩子所說的一切

就算孩子說的內容荒誕不經，媽媽也應該全盤接納他們說的話。千萬不要逼問孩子：

「這跟你之前說的不一樣啊，究竟哪個才是真的？」

對孩子來說，出生前記憶是最珍貴的「真心話」。我認為願意與媽媽分享快樂記憶的小孩，是想確認自己是在媽媽的期盼下被生下來吧！

至於願意跟媽媽分享痛苦記憶的小孩，應該是想尋求情感上的共鳴，希望媽媽也能坦然接納這一切。

人的心中存在著很多扇門。能打開孩子心門的鑰匙，並非是科學調查的結果，而是親子間愛的羈絆。

第五章

# 小寶寶
# 想告訴媽媽的事

# 「媽媽，要照顧好自己的身體」

肚子裡的小寶寶，對於媽媽究竟懷抱著什麼樣的願望呢？讓我們從胎內記憶的觀點思考看看吧！

首先，小寶寶的願望是「媽媽，要照顧好自己的身體。」

懷孕期間媽媽要戒菸，是許多書籍雜誌倡導的事，許多懷孕期間沒有戒菸的媽媽，生下來的小孩都異口同聲的表示：

「媽媽的肚子裡面臭臭的。」

至於酒，雖然肚子裡的寶寶基本上不喜歡酒，可是比起「超級討厭」的香煙，避開不宜飲酒的時期，我認為少量飲酒還是可以的。

除了香煙以外，日常生活中也有很多會危害小寶寶的有害物質。這些有害物質不僅會從嘴巴進入體內，也會從皮膚吸收。所以像是洗髮精、肥皂、牙膏等日常用品，最好也更換成有天然成份的產品。

某次，我在接生時，被胎盤內傳來的超濃香味嚇了一跳。事後詢問孕婦才知道，她每天早晚都會用喜歡的洗髮精洗頭。進一步調查後發現，那款洗髮精的界面活性劑含量相當高，小寶寶在肚子裡必定是有苦難言吧！

有時肚子裡的小寶寶會厭惡的東西，是媽媽怎麼都意想不到的。

某位媽媽因為有前置胎盤，所以在預產期前就採取剖腹生產。他的孩子到了兩歲時突然說：

「（待在媽媽肚子裡的感覺）很不舒服，（所以）才提早出生。媽媽的肚子臭臭的，有股怪味。」

那位媽媽聽到孩子的話，回想自己在懷孕期間，曾使用一款氣味獨特的入浴劑，也許孩子很討厭那股味道吧！

聽媽媽說，孩子出生後，只要用那款入浴劑泡澡就會長溼疹。所以儘管大人用了感到舒適的產品，也不見得適合小孩。

## 「媽媽，多吃點我愛吃的食物吧」

媽媽愛吃的食物，小寶寶不見得也喜歡。像蛋糕、巧克力等添加大量糖類的食品、極端油膩的飲食等，都會讓血液變得濃稠，造成寶寶的負擔。

如果媽媽忍不住想吃，起碼在享用前先跟小寶寶道個歉：

「我知道這個食物會讓你不舒服，但我真的很喜歡，媽媽吃一點點就好，對不起喔！」

對小寶寶而言，碳酸飲料也是具有強烈刺激性的食品。

有位成年女性表示，自己待在媽媽肚子裡的時候，有時感覺全身像是被針扎到一樣，有時羊水混濁得讓他很想趕快逃出去。後來才知道她的母親很喜歡喝碳酸飲料，即使懷孕期間也大量飲用。

某位保有鮮明胎內記憶的男性表示：

「肚子裡的小寶寶可以分辨媽媽吃下食物的滋味！所以媽媽飲用像咖啡和酒前，必須先問過小寶寶才行。媽媽可以把手放在肚子上，問小寶寶自己可不可以喝，小寶寶會用踢肚子的方式來回應媽媽。」

某位媽媽由於害喜症狀嚴重，所以嘗試運用直覺感知與寶寶溝通，結果被寶寶斥責：

「媽媽，你這樣的飲食習慣無法改善害喜吧！」

受到小寶寶歡迎的食物，主要是調味清淡，以蔬菜為主的料理。這種飲食方式會幫助媽媽產生優質美味的母乳。各位孕媽咪不妨在懷孕期間，循序漸進的展開健康的飲食生活吧！

## 「媽媽，要照顧好自己的心情」

肚子裡的小寶寶衷心盼望的是，媽媽能意識到自己的存在，同時期待自己會讓媽媽覺得幸福。

當媽媽無條件地接納、愛著自己的寶寶時，就能確切感受到「我很高興小寶寶在我肚子裡面」，並對寶寶傳達這種心情。

《胎兒都是天才》[③]的作者實子・斯瑟蒂克女士（館林実子）在懷孕期間，每天都生活在幸福之中。不管是眺望著天空還是看到花朵，都會對著

③《胎児はみんな天才だ》祥傳社，一九八六年出版。

肚子不斷讚嘆著「好美」。想不到，孩子出生後，很快的就能用不太標準的發音，試圖表達「很美」這個單字。而且孩子非常早慧，甚至跳級唸大學，最後成為了一位解剖學者。

我想應該是他深信母親對自己的愛，並對此感到放心，才盡情的展現自己的能力吧！

人生難免會有煩惱和擔憂的事，但我希望媽媽能關注著腹中的小寶寶，盡可能用開朗的心情過生活。

孕媽咪跟小寶寶有著很深的羈絆。因為在這個世界上，寶寶比任何人都還喜歡妳，才會願意住進妳的肚子裡。

如果媽媽對小寶寶懷抱著這種想法，臉上應該會自然浮現笑容，開始想對小寶寶說話吧！

媽媽是照亮整個家的太陽。只要媽媽笑口常開，所有家庭成員都會跟著開朗起來。

日本藝人青木沙耶加女士曾說過，我們自認為是「正常的表情」，看在別人眼中其實像是在擺臭臉，因此我們得表現快樂的樣子，這樣看起來才會像是「正常的表情」。

如果孕媽咪有意識的露出笑容，心情也會變得開朗，小寶寶也會擁有健全的心靈。

為了讓媽媽綻放燦爛的笑容，自然少不了爸爸的協助。

肚子裡的小寶寶很討厭父母吵架，甚至有小孩表示：

「我待在媽媽肚子裡時，只要爸爸跟媽媽一吵架，我就會踢肚子。因為這樣他們才會停下來。」

懷孕的媽媽可能會因為賀爾蒙的影響，容易感到焦躁或想哭泣，也可能因此比較容易跟爸爸起衝突，但媽媽並不是想責怪爸爸，只是希望爸爸能對自己陰晴不定的心情感同身受。我希望爸爸們能理解到這一點，用寬容豁達的心情在一旁守護著媽媽。

## 「媽媽，其實我一點都不在意」

有時候讓媽媽感到懊惱的事，其實小寶寶完全不在意。

最常讓媽媽懊惱的事，就是我曾在前面提過的剖腹生產。希望自然生產的媽媽，在面臨必須剖腹產時，通常心情上會大受打擊，連帶著對寶寶，也會有很大的愧疚感。

雖然曾聽孩子說過：

「刀刺過來很恐怖。」

但也有些小孩認為：

「只是吱的一聲被切開而已，沒有怎麼樣。」

「得救了，謝謝。」

媽媽們很容易對此事產生誤解，其實最讓小寶寶感到難過的並非是不得已得剖腹的情況，而是自己的心情被漠視。

所以當媽媽決定動手術時，請對寶寶說：

「接下來會把肚子切開讓你出來喔！對不起，你可能會突然覺得很刺眼。因為這是很重要的手術，所以你也要加油喲！」

我曾聽索尼公司井深大先生設立的幼兒開發協會的人說過，在約二千對的母子之中，母子羈絆最深的三對都是採取剖腹生產。

由於媽媽知道剖腹生產會對寶寶造成負擔，所以反而會以彌補的心態對待孩子。因此，不用擔心，剖腹生產絕對無損小寶寶的健全發育跟親子間的羈絆。

至於以真空吸引協助分娩也一樣。當我決定採用真空吸引分娩前，也會詢問寶寶：

「我要幫你出來喔！雖然會痛，但可以忍耐嗎？」之類的話。

如果沒有先告知就採取吸引分娩，有些寶寶在出生後會因生氣而哭鬧不休。但是如果事先告知寶寶，出生後的小寶寶表情會明顯平靜很多。

避免忽略小寶寶心情的重要性，可以應用在所有的育兒事件上。

有些媽媽會追尋像是全母乳育兒、自然育兒等理想育兒法，一旦無法實現就會陷入沮喪。遇到這種情況不妨回歸初心，育兒的目的是為了「培養獨立自主的小孩」。

雖然全母乳育兒和自然育兒有其教養方式，但這種育兒模式未必絕對保證能培育出獨立自主的孩子。

各位媽媽千萬別把育兒的方式錯當成是目的。育兒的重點是依照親子的處境，選擇妥當的溝通方式，來加深親子情感。

就算無法實踐你心中「理想的育兒法」也沒關係，只要尊重小孩，用心理解孩子的感受，孩子既不會在意，也不會怪罪母親。

我曾聽過某個感人的真實案例。

有位母親因為產後筋疲力盡，不小心將出生兩週的兒子摔在浴室磁磚地板上。雖然孩子沒什麼大礙，但在媽媽的心裡，始終感到很自責。

孩子到了兩歲後，某天突然對媽媽說：

「媽媽，我還是小寶寶的時候，曾經摔在浴室的地板上吧！雖然很痛，但我知道妳不是故意的，媽媽當時還一直哭著跟我說對不起吧？那時我就原諒媽媽了，不用在意喔！」

想不到兒子完全知情，甚至還反過來安慰媽媽。那位媽媽當時聽到後，眼淚更是撲簌簌地掉個不停。

## 「媽媽，我想更了解你的心情」

雖然肚子裡的小寶寶和媽媽的身心是一體的，但偶爾小寶寶也會誤解媽媽的心情。

某位女性曾因為心中有股「剛生下時被媽媽拋棄」的感覺而十分痛苦。直到長大後去診所接受診察時，才發覺原來剛出生的新生兒，會立刻被醫護人員抱去量體重，就是這動作讓她誤以為媽媽不要她，而在心裡深深受傷。事實上並非媽媽拋棄她，是她誤會了。

類似案例其實層出不窮。

例如：當媽媽在懷孕期間感到焦躁不安，小寶寶會覺得「媽媽是在討厭我」。若媽媽時常感到情緒低落，寶寶也會誤會「媽媽是因為我，才會感到悲傷」。

肚子裡小寶寶一旦產生這種偏見，就會認為「自己是不被需要的小孩」，而在出生後，不斷做出試探媽媽的舉動，例如，會故意惹媽媽生氣，當被媽媽斥責後，在心裡更加堅信「我果然是沒用的小孩」。

為避免遭到小寶寶誤解，斬斷誤會的惡性循環，請媽媽坦率的跟孩子表達自己的心情。

當孕媽咪感到焦躁不安時，要好好跟寶寶解釋清楚：

「媽媽雖然感到很焦躁，但不是因為你的關係喲，是身體不舒服，對不起。」

即使孩子長大開始調皮，媽媽也要避免用「你真是個壞孩子」等否定的話來斥責小孩。請好好告訴小孩：

「媽媽很愛你，但我希望你停止這種行為」。

這點在懷孕初期特別重要，因為小寶寶會察覺到媽媽困惑和焦躁的情緒。我希望陷入這種負面情緒的媽媽，能夠將「對不起，媽媽只是希望你能健康活潑生下來」的心情，確實傳達給寶寶知道。

每位小寶寶都有自己獨特的個性，有的較外向，有的敏感細膩，雖然多少會影響到親子間的契合度，但只要跟孩子用心表達情感，親子間的隔閡肯定會消失。

溝通技巧必須靠練習才能進步。各位媽媽務必在小寶寶還待在肚子裡的時候，將這點謹記在心吧！

# 「媽媽，要相信自己喲」

媽媽憑直覺跟肚子裡的小寶寶說話時，感知到小寶寶對自己說：「媽媽，要相信自己喲」的案例屢見不鮮。

每個人都會有迷惘和煩惱的時候，但人生不存在所謂的正確答案。像是孩子內心有什麼感覺、希望打造什麼樣的家庭等問題，並無法從外界得到答案。每一對親子只能衡量自己的生活方式，然後向前邁進。

請各位在面臨人生的決擇而無計可施，或是面臨理想和現實的差距而裹足不前等時刻，不妨回想「塞翁失馬」的故事。

我想很多人應該都聽過這個故事，所以只簡單扼要地描述一下。

在古代，中國北方的邊塞地區住著一位老翁，某天老翁飼養的馬逃往異族的國家。鄰居前來安慰老翁，但老翁卻心平氣和的回答：

「這件事說不定會給我帶來福氣呢！」

沒想到幾天後，逃走的馬居然帶著許多異國的好馬一起回到老翁家。鄰居知道後前來祝賀，但這次老翁卻皺著眉頭說：「這件事也許是個麻煩。」

沒過多久，老翁的兒子不小心從馬背上跌下來摔斷了腿。鄰居連忙過來慰問，這次老翁又說：「這說不定是福氣呢！」

一年後，異族侵襲村莊。村內所有年輕人為了保衛家園與異族作戰，雖然成功守住了村子，卻因此犧牲了很多年輕人的性命。但是老翁的兒子則因為當時腳受傷了，所以不用上戰場而逃過一劫。

我覺得這個故事的寓意，簡直就是人生的寫照。人生的幸與不幸沒人能說得準。育兒也是同樣道理，看似失敗的事，可能在日後為你帶來幸福；看似成功的事，可能在日後埋下操心的隱憂。

未來的事沒有人會知道，要如何看待人生，端看我們的選擇。既然如此，選擇聚焦在幸福的那一面，心情也會變得輕鬆愉快吧！

請各位媽媽相信：

「一切都是通往幸福的階梯，並從經歷的事情中找出幸福吧！」

這也是要媽媽好好「相信自己」的意思。

幸福的種子無處不在。小寶寶讓我們領悟到「原來孕育新生命，實現超越時空的靈魂邂逅，是如此難得可貴且幸福的事。」

肚子裡的小寶寶希望媽媽能對自己的想法有所回應，並留意到生命的光輝。當親子間的靈魂產生共鳴的時候，通往幸福的育兒和人生的大門，也會為你敞開。

# 作者後記

別人經常問我，為何身為婦產科醫生卻要研究胎內記憶。我聽得出來他們的弦外之音，畢竟產科學也是一門科學，我為什麼要大膽地去接觸靈魂的領域呢？

身為婦產科醫師，我最初的希望是能幫助孕婦順利產下寶寶。然而在這過程中，我看到生產時無比幸福的媽媽，在產後一個月卻憂鬱了，甚至還說出早知道就不生小孩的話；也有生產時貌似幸福的夫妻，卻不斷遭遇育兒不順遂的情況，那時我才注意到，只有生產時順利幸福是不夠的。

我不禁開始思索，若產後的人生沒有過得幸福，便稱不上是「順產」。

就在這時，我邂逅了胎內記憶。當我得知腹中胎兒已經可以感知到所有外界發生的事，甚至在出生後也保有記憶時，不禁相當訝異。而且在我調查的過程發現，越來越多的孩子談論，自己會挑選想要出生的時代、場所甚至雙親。有很多寶寶都是在知曉一切狀況的情況下選擇誕生於世。

當我分享胎內記憶的內容後，不少人紛紛向我表示，原本自認為充滿艱辛和不幸的人生，在看到這些觀點後，竟驚覺其實自己是幸福的。

閱讀本書後，是否有讓各位湧現幸福的感受呢？是否有找到自己出生的目的，或是孩子出生的目的呢？如果能多讓一個人覺得現在的自己很幸福，我也會非常高興，也更樂見能夠透過本書，將胎內記憶的內涵傳達給沒聽過的人。

在此感謝企劃本書的ＰＨＰ研究所大井美紗子女士，同時也要感謝協助完成此書的矢鋪紀子女士，負責本書插圖的西野沙織女士，還有每一位告訴我胎內記憶的人。

我殷切期盼每個人都能擁有更加豐富的人生，並獲得幸福，所有人都能朝好的方向發展。

二〇一一年六月　池川明

family field 親子田　親子田系列039

# 媽媽，我想告訴你
## 肚子裡的小寶寶想傳達給媽媽的事
## お母さん、おなかの中でも見ているよ

作　　者　池川明
執筆協力　矢鋪紀子
譯　　者　姜柏如
總 編 輯　何玉美
責任編輯　王郁渝
封面設計　楊雅苹
內文排版　顏麟驊

出版發行　采實文化事業股份有限公司
行銷企劃　陳佩宜・黃于庭・馮羿勳・蔡雨庭・王意琇
業務發行　張世明・林踏欣・林坤蓉・王貞玉・張惠屏
國際版權　王俐雯・林冠妤
印務採購　曾玉霞
會計行政　王雅蕙・李韶婉
法律顧問　第一國際法律事務所　余淑杏律師
電子信箱　acme@acmebook.com.tw
采實官網　www.acmebook.com.tw
采實臉書　www.facebook.com/acmebook01

I S B N　978-986-507-087-8
定　　價　300元
初版一刷　2020年3月
劃撥帳號　50148859
劃撥戶名　采實文化事業股份有限公司
104臺北市中山區建國北路二段92號9樓
電話：(02)2518-5198　傳真：(02)2518-2098

國家圖書館出版品預行編目資料

媽媽，我想告訴你 / 池川明著；姜柏如譯 . -- 初版 . --
臺北市：采實文化，2020.03
176 面 ; 14.8×21 公分 . --（親子田系列 ; 39）
譯自 : お母さん、おなかの中でも見ているよ : 赤ちゃんがおなかの中で考えていること
978-986-507-087-8（平裝）
1. 懷孕　2. 胎兒　3. 育兒
429.12　108023335

family field
親子田

family
field
親子田